知识的大苹果+小苹果丛书

Descendons-nous de Darwin

我们真的了解达尔文吗

Ça sert à quoi, des parents

父母到底有什么作用

[法]纪尧姆·勒库安特　克里斯蒂娜·热内　著
于辉　辛礼　译

上海科学技术文献出版社
Shanghai Scientific and Technological Literature Press

图书在版编目（CIP）数据

我们真的了解达尔文吗·父母到底有什么作用 /（法）纪尧姆·勒库安特，（法）克里斯蒂娜·热内著；于辉，辛礼译．—上海：上海科学技术文献出版社，2019（2020.9 重印）
（知识的大苹果 + 小苹果丛书）
ISBN 978-7-5439-7912-3

Ⅰ．①我…　Ⅱ．①纪…②克…③于…④辛…　Ⅲ．①进化论—普及读物　Ⅳ．① Q111-49

中国版本图书馆 CIP 数据核字 (2019) 第 089696 号

Descendons-nous de Darwin? by Guillaume Lecointre
Ca sert a quoi, des parents? by Christine Genet & Estelle Wallon
© Editions Le Pommier - Paris, 2015
Current Chinese translation rights arranged through Divas International, Paris
巴黎迪法国际版权代理（www.divas-books.com)

Copyright in the Chinese language translation (Simplified character rights only) © 2020 Shanghai Scientific & Technological Literature Press

All Rights Reserved
版权所有・翻印必究

图字：09-2017-1071

选题策划：张　树　　责任编辑：王倍倍　杨怡君
封面设计：合育文化

我们真的了解达尔文吗·父母到底有什么作用
WOMEN ZHENDE LIAOJIE DAERWEN MA · FUMU DAODI YOU SHENME ZUOYONG
[法]纪尧姆·勒库安特　克里斯蒂娜·热内　著　于辉　辛礼　译
出版发行：上海科学技术文献出版社
地　　址：上海市长乐路 746 号
邮政编码：200040
经　　销：全国新华书店
印　　刷：常熟市华顺印刷有限公司
开　　本：787×1092　1/32
印　　张：6.625
字　　数：63 000
版　　次：2020 年 1 月第 1 版　2020 年 9 月第 2 次印刷
书　　号：ISBN 978-7-5439-7912-3
定　　价：30.00 元
http://www.sstlp.com

目　录

我们真的了解达尔文吗

父母到底有什么作用

研究前景

我们真的了解达尔文吗

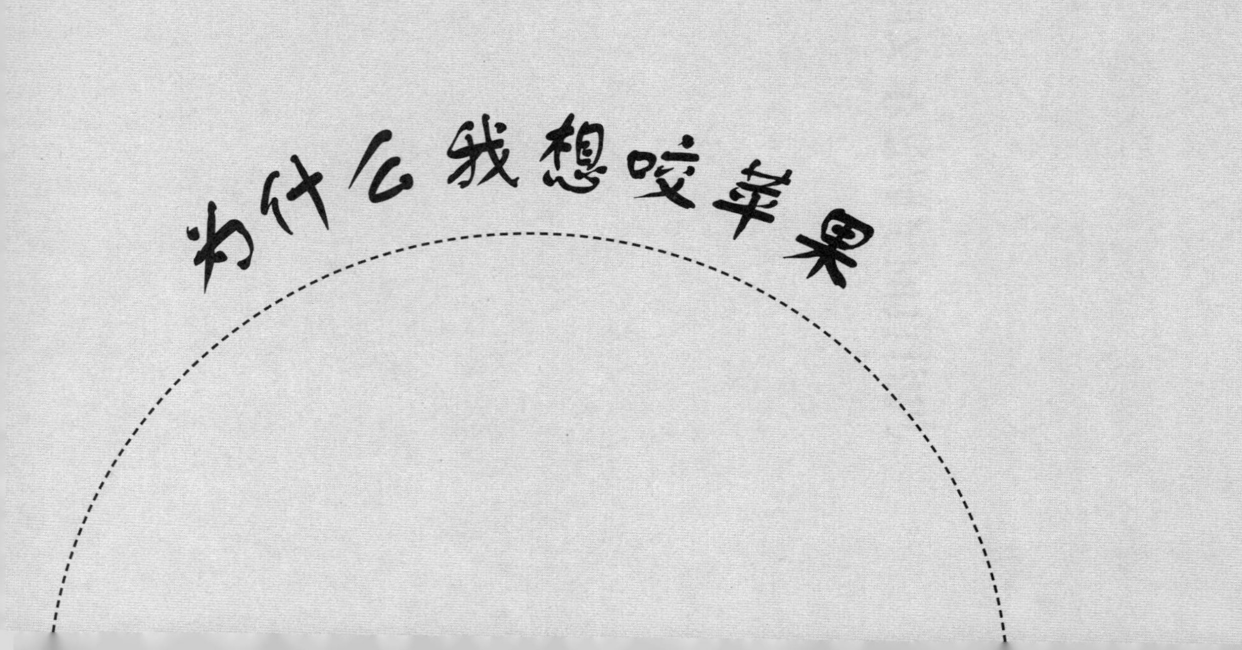
为什么我想咬苹果

规律性

遗传程序的巨大影响力

了解生命

环境

自然选择究竟是什么

查尔斯·达尔文自然选择的中心论题在于对生物进化的规律做出阐释。但在大众眼中，生物规律依然存在于“程序”“遗传信息”以及“发育机制”之中，它们共同构成一个真实而确定的概念：“物种”。

媒体和老师告诉我们，在查尔斯·达尔文的理论中，进化是自然选择的结果，并据此解释“物种的变化”原理。而令人惊异的是，达尔文于1859年写成的科学巨著标题为《论依据自然选择即在生存斗争中保存优良族的物种起源》(简称《物种起源》),题名中既没有提到“进化”,也不存在“嬗变”“变化”“转变”等字眼，这是不是有些奇怪？然而，我们却可以在上述标题中找到这些词语的反义词，那就是“保存”，而非“进化”。达尔文在书中讨论的是生命实体的起源，这是一种看似稳定且得以“保存”的生命实体，被称为“物种”，而这也正是令我们产生困惑的所在。

实则，对于勇于开拓的达尔文，自然选择首先是规律性的来源，而后才对物种的变化做出解释。但矛盾的是，虽然我们认识到自然选择可能对不同等级生物生存的规律性做出了解释，却并未对这种解释加以应用。我们更倾向于将自然选择推上“施令者”的位置，认为它阐明的只是物种变化的规律。对生命的不同理解会带来各种不同的结果。

多种概念，一个事实

部分生物学研究致力于解释生物的规律性。比如，尽管物种会发生变异，我们却仍然能够判断出其羽毛的规律性。我们发现羽毛与喙之间存在规律性联系：长有羽毛的生物同时长有喙，而有喙的生物同时也长着羽毛。我们将同时长有羽毛和喙的生物称为“鸟”。在学校，老师常会这样解释道：“这种动物有羽毛，因为它是一只鸟。”但是在科学家看来，“鸟”并不决定“羽毛”的存在。恰恰相反，正是因为有羽毛，这种动物才被叫作鸟。确切地说，羽毛如同公约，鸟的概念就建立在这个“公约”之上。世界上有10 503种鸟类以及数以亿万计的鸟类个体！明确类似的认识并不仅限于生物研究专家讨论的话题：对于词汇、概念以及实际存在物之间关系的理解，会影响大众对进化理论的认知。

19世纪以来，大学或是某些实验室研究鸟类（或脊椎动物以及其他动物）发育机制的目的都在于发掘其中的规律性。但问题在于，这种规律性研究的目的并不仅仅在于辅助动物学课程的学习，生物学和胚胎发育遗传学甚至在研究寻找可能对发育机制起主导作用的“主基因”。不过，上述所谓的“机制”仅仅作为概念存在，是一种课程学习的方式，任何生物都不能阻碍、限制、保证这种“机制”。“机制”不应被赋予一成不变的性质。显然，同样的问题再次出现：在我们的意识中，“机制”是稳定的，我们试图将这种稳定性强加于生物事实。进而导致“机制”概念与“进化”思想再次产生矛盾。对这种矛盾关系的认知也十分重要，因为它可以帮助人们更好地了解生物学。

必需的施令者

生物学同样关注个体本身的状况，进而关注其中较为明显的规律性。个体似乎一成不变，而它的细胞却在不断改变或更新。父母亲代传递的“基因信息”可以对这一规律性做出解释。

物种的规律性易于发掘：猫生育猫，狗生育狗。人类也一直致力于生物规律性的发掘。18 世纪初，瑞典植物学家卡尔·冯·林奈指出，这种规律性来自上帝的意志，是上帝创世意志的体现。因此，应该有物种进化规律的制定者或管理者在发出指令（在物种起源之时或者现在、此刻仍然存在）。在当前的生物学教学中，规律性依然被归结为基因“程序”，这种“程序”与基因信息不无关联，认为 DNA（脱氧核糖核酸）可以传递到下一代。猫之所以生猫，是因为这种动物的基因组中含有猫的“程序”。这种“程序”并无其他，正是生物指令发出的规律性指导。生物学领域专注于基因研究的状态持续了 50 年，当前，尽管我们已在实验室中取得很多其他方面的成就，基因化约论在公众心目中依然占据重要地位。试举例为证：在2015年上映的美国科幻大片《侏罗纪世界》中，遗传学家们将不同物种的基因结合，创造出杂交恐龙，这种恐龙摆脱了人类的控制，成为一种恐怖的存在。为了控制局面，人们释放大批高效、高机动性的凶猛恐龙，即伶盗龙（影片中译为迅猛龙）。伶盗龙可以成群协作进行捕猎。一旦伶盗龙面对杂交恐龙，就会改变叫声准备发起攻击。但奇怪的是，杂交恐龙能够听懂它们的语言并做出回应，人类对此惊愕不已。他们原本计划利用伶盗龙去攻击杂交恐龙，但两种恐龙在“协商”之后，最终决定共同追捕人类。对这一结果的解释是，杂交恐龙身体中带有伶盗龙的基因，因此尽管它们诞生于实验室，却可以听懂伶盗龙的语言。基因化约论认为基因直接且单方面决定了机体的特性、能力，是较为朴素的理论。事实上，机体的表现，即便是最为复杂的表现，例如行为，都完全可以用一个或多个基因的活动进行解释或化约。“基因管家”随同“主基因”和“基因公证人”（或“基因书记官”）共同完成遗传，除此之外，别无其他。然而，今天的生物学研究绝不仅限于此：十多年来，生物学研究产生重大突破，众多的书籍和杂志可以证明这一点。但“基因决定遗传”的生物学理念继续被传授，也继续得到认可……

这就是我们尚未（或不再）了解达尔文主义生物学的原因所在。对于达尔文，指令并不是首要的：随机性才具有决定性作用，自然选择首先是规律性的根源，然后才是发生变化的原因。这就是本书即将呈现的内容。因此，自然选择既不是规律的制定者，也不是施令者，它只是负责选择，在各种生物变异与机缘组合中进行挑选，选取有利于实现再繁殖的生物个体或实体。这种选择会受到环境因素的影响。如果一定时期内，环境是稳定的，生物谱系中的自然选择就会呈现出相对规律的形态；反之，如果环境发生变化，种群的形态也就会发生改变。这一原理适用于各级生物有可能发生的变异或繁殖：基因、细胞、习性、种群等。时下广为传播的生物学并不是达尔文主义的生物学，因为我们不喜欢他所主张的随机性，而是需要施令者让我们安心。正是这些原因造就了呈现在我们面前的生物规律性。在大众以及媒体的想象中，公证人、固定的管理者和施令者牢牢控制着生物的规律性："程序"确定物种，父母亲代的"基因信息"解释了个体差异，而"发育机制"则决定了生物分类。

笔者由此希望在本书中阐明，生物学已在十多年间发生了深刻的变化。确切地说，我们所认可的生物规律，并不是生物进化的原因。我们所谓的"物种"规律性只是自然选择、系谱断裂和语言表述需要的结果。发育机制、程序和信息并非生物规律性形成的源头，而只是可以被我们用来更好解释生物现象的隐喻。因此我们可以更好地利用它们，不是用它们来解释生物现象产生的原因，而是将它们当作语言习惯，用于描述类似事物的发生过程。

如前文所述，我们并不是完全的达尔文主义者，因为我们把自然选择视作各发育等级生物规律性的可能性解释，却并不用它来解释生物现象。尽管实验室里已经开始这一项工作，老师们却从未将这一理念教授给学生（也许只被当作教学常规的例外教授过）。然而，这对于我们了解胚胎发育、癌症以及身体机能有极大的影响，进而也会对医学产生影响。现今每年都有十几篇与之相关的科学论文发表，便是很好的证明。

最后，自然选择作用下不可能产生完美的生物体，却可以做到折中。20世纪中叶，朴素的适应主义生物学流行一时。这种学说认为，一切都是最佳世界中最好的安排。拓展和重置于结构、历史框架下的自然选择可以解释人类的身体为何没有运转得尽如人意。

简言之，将查尔斯 · 达尔文的理论重置于生物学、古生物学、人类学、医学以及人种学教学中，有可能彻底改变我们对人类身体运作方式的看法。

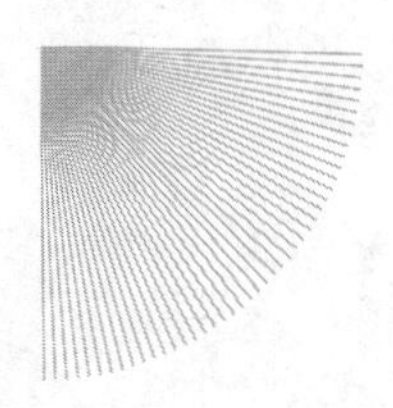

苹果核

随机性

变异

自然选择

系谱学

21世纪生物学

重温达尔文

通过深入研究查尔斯 · 达尔文的思想，我们可以看到：自然选择的核心原则适用于一切可遗传的物质（彼时他对基因一无所知），是一种规律性因素。

基因的“绝对权威”已“统治”生物界50年,而达尔文在他的时代对基因并不知晓。因此,为摆脱基因的影响,我们需要重温查尔斯·达尔文的思想。达尔文最伟大的理论是什么呢?他的作品极为丰富,但我们关注的是其中最重要且彼此相关联的两种理论成果。这两种理论成果搭建起达尔文作品的主要框架,并在《论依据自然选择即在生存斗争中保存优良族的物种起源》(1859年)中一一呈现。第一种理论称作“经过改变的继承”,即生物界的系谱理论:生物有机体沿着各自的系谱,代代传承又不断发生变化。这种长期传承的结果,就是当前的生物多样性。多样性的分配似乎受到一系列拥有共同特征的等级制度的控制,现在我们所谓的“物种”就起源于系谱的各个分支。第二种理论成果是自然选择说，为第一种理论做出说明。下文中我们将对以上两种理论逐一展开讨论。

经过改变的继承

让我们用一个简单的例子来阐明这一问题。自然界中，某些不同的生物却拥有一些共同的性状，这些性状承自何处？比如旱獭（常称为土拨鼠）和水獭都有被毛和乳房，这些性状从何而来？是神的意旨，还是掌管世界秩序的天公的意愿？神意天愿不再是科学家研究的对象，科学的目标在于运用大自然本身去解释大自然。旱獭和水獭拥有某些共同的性状，是因为这两种动物交配之后共同繁衍了后代吗？事实并非如此。众所周知，旱獭和水獭无法“婚配”。或者，这些共同的性状来源于它们相似的生活环境？但旱獭善于在山中挖掘洞穴，为食草性动物，偶尔取食昆虫和小型啮齿动物；水獭则在河流中捕食鱼类。生态学并不能直接解释这两种动物拥有共同性状的原因。那么是因为在过去的某个时期，它们的祖先可以交配繁衍？这正是达尔文即将给出的解释。对于第一个问题，无法交配的两种个体却拥有共同的性状，这就可能是它们拥有共同祖先的标志。这解释中暗含了“经过改变的传承”。因为，如果水獭的祖先是旱獭，那么从旱獭祖先发展到现在的水獭，其系谱中必然发生了变化，否则，水獭依然是旱獭。同理，如果旱獭的祖先是水獭，从水獭祖先到现在的旱獭，它的系谱必然发生了变化，否则，水獭也不会变成旱獭。如果水獭与旱獭的祖先是介于二者中间的某种生物，那么从它们共同的祖先到如今的水獭和旱獭，这两种系谱也必然发生了变化，否则如今就不会有水獭和旱獭的存在。换言之，如果在繁衍的过程中“发生改变”，那么现今看似有明显差异的物种就可能拥有共同的祖先。博物学家们早已指出而且经常强调，物种与物种之间在性状分配上存在某种程度的接合，比如有指头的生物已经长有肱骨，并且自然界里不存在没有肱骨却长着指头的生物；而长有肱骨的生物也已经生有脊椎，同样不存在没有脊椎却生有肱骨的生物。性状的分配似乎环环相扣，这种显而易见的规律曾被解释为上帝创世的结果。随着改变理论的发展，这种规律有了新的系谱学上的解释：长有指头的生物之所以已经长有肱骨，是因为系谱中，生物的指头出现在肱骨之后，并生长在已经长有肱骨的生物躯体上。

自然选择说的核心思想

达尔文认为，自然选择是解释生物变化的核心机制，这种机制能对生物形态与机能的一致性做出解释，同时也说明“物种”的形态在具有稳定性的同时也会发生改变。达尔文在一系列实际观察的基础上，通过归纳、演绎的方法提炼出这一概念。法国生物科学史学家帕特里克·托特将其内容制成概括性图表并加以注释（见第32页图表）。

事实1：无论家养生物还是野生生物，它们中间都存在变异。对此有两点注释：其一，达尔文认为可观察的实体首先是个体，而非物种（这较于瑞典生物学家林奈的思想晚了100年，却早于德裔美国进化生物学家恩斯特·迈尔100年）；其二，变异不会为满足个体需求而突然发生（这一观点似乎复制了法国自然学家让-巴普蒂斯特·拉马克的理论），而是朝着各个方向随机发生，有时可能给变异的个体带来损害。

归纳1：生物在本质上就拥有变异的自然能力，而且是这种能力的载体，这就是变异性。

事实2：园艺家和饲养员对生物的这种变异性加以利用，他们选择有利的可遗传变异，赋予生物对人类有益的特性。这种操作首先在生物个体中进行，而后推广到整个种群。在得出这一结论之前，达尔文在园艺家与饲养员中做过大量调查工作。

归纳 2：园艺家和饲养员的实例充分证明，机体拥有被选择的自然能力，即可选择性。物种本质上是可变的、可选择的。自然界中的变异选择同饲养员操作下的变异选择是否相同？这是否能够为生物形态的逐渐变化与它们的适应性做出解释？若答案是肯定的，那这种机制又是怎样的？我们来看以下两种事实。

事实 3：物种的繁殖率惊人，繁殖能力加快。

演绎：如果不遇阻碍，物种会迅速且大量繁殖。自 1838 年起，在读过英国人口学家、经济学家托马斯·罗伯特·马尔萨斯的《人口论》之后，达尔文便从中得到一个至关重要的理论，或者说一种模式：人口按几何级数增长，而食物资源只能按算术级数增长，人口增长要比食物资源的增长快很多，结果便是人口增长受到永久的限制。由此引出与动植物有关的第四种事实及相关演绎。

事实 4：在不受人类活动干扰的自然界中，多个物种能够共存。大自然呈现给我们的并非某一个单一的物种，而是多个物种在共同维持着一个稳定且平衡的世界。

演绎：多物种共存同各物种无限扩张之间存在矛盾。在达尔文的推理下，这种矛盾自有其解决的方法：每一物种都是施加给其他物种的限制性因素，每一物种又同时受到其他物种的限制。由于上述限制的存在，加之物种生存空间的限制，资源也就变得有限，各物种就会为生存而斗争，从而引发适宜在一定地域内生存的一系列变异选择。这种选择在大自然中进行，同“人工选择”有着相似的效果。因此达尔文将该假说凝练为自然选择。

自然选择说解释了生物形态的规律性，即一定区域内，生物个体间稳定性特征的各类“有效组合”。

自然选择首先阐明，在不断变异的情况下，生物如何获取显著的规律性，而后解释了形态学中规律性的起源，也即我们常说的“物种”的起源。当然，如果环境发生变化，自然选择会对物种如何改变做出解释。

“物种”有其稳定性，但这种稳定性是相对的、暂时的，它的稳定性源自自然选择中某些变异的组合，由此便可以解释为何同一物种的不同个体会极为相似，同时也说明，在代谱的分化过程中，具有决定性的物种繁殖障碍得以稳定。

物种没有一致的形态（变异似乎在不断进行），物种不是切实存在的实体，而是一种抽象的表达，是用来表示演变关系的假设概念。然而繁殖障碍却是真实存在的，这一点可以通过实验加以证明。

自然选择解释的有效性

自然选择是一种统一的理论，对一系列看似并不相干的事实做出解释，例如物种的地理分布、物种形态适应、本能（社会本能）、种间联系、伪装、灭绝等。1868 年，达尔文写成一部与变异相关的著作，他在引言中提出："如果自然选择原理能够对这些大量事实以及其他现象做出充分的解释，它就应当被接受。"正是

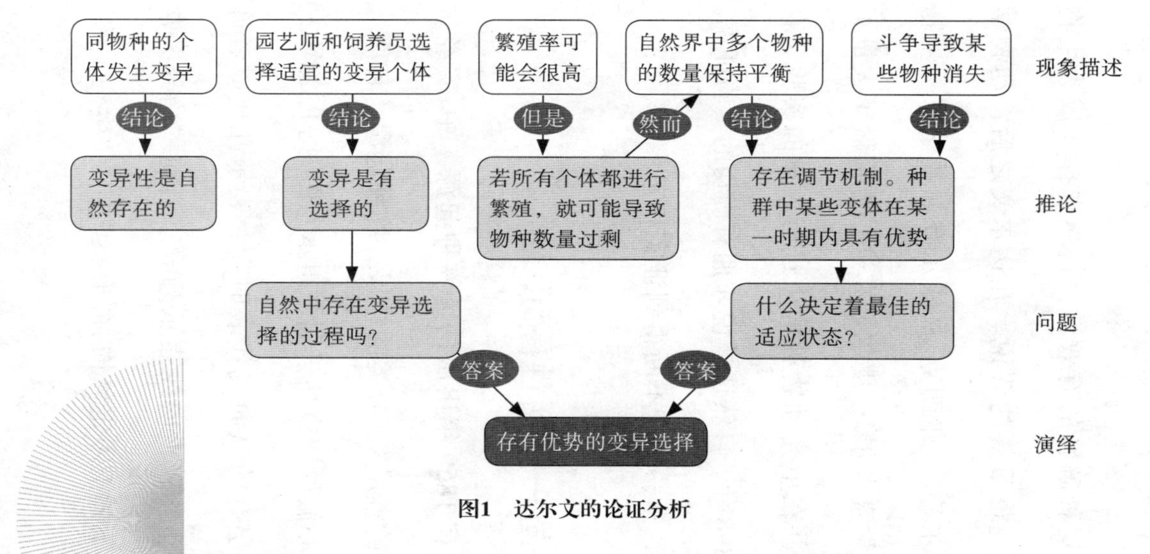

图1　达尔文的论证分析

注：图1中的事实逻辑与推论源于查尔斯·达尔文自然选择说的核心思想（由帕特里克·托特于2000年和2008年提炼绘制）

由于这种解释的有效性，自然选择才成为生物学研究最重要的假说。在达尔文之后，动物学家沃尔特·弗朗克·威尔登和数学家、生物统计学家卡尔·皮尔逊在这一方面做了大量工作，并在甲壳动物种群中进行大量的实验。直至 1898 年，自然选择说才拥有确切的实验证据。此后，这一理论不断得到证实和完善。

同一概括性图示

在 1859 年出版的《物种起源》中，“经过改变的继承”、分类的结果、物种起源、自然选择核心假说被概括于同一组示意图(见 P32 图 2)中。层叠的纵向线代表时期，表示几代或者许多代生物；横向线表示趋异（当前“趋异”常被以下词汇限定修饰：“形态学的”“生态学的”

或“适应的”等)。这一理论图示中的部分内容为推测得来，法国科学哲学家让·伽永据此于2009年列出一份清单,改动后可分为如下11点:

① 物种会发生改变;

② 改变是渐进的;

③ 许多物种(超种或次种)灭绝了;

④ 通常情况下，未灭绝的物种会分化为多个物种，因此所有的物种都正在消失;

⑤ 一旦物种发生分化，就会逐渐且无休止地趋异;

⑥ 该示意图适用于所有分类等级，从局部变种到分类最广泛的群。在达尔文看来，这意味着系谱完全可以引导分类。示意图可能暗含以下意义：过去的以及现在的生物多样性可以用同一谱系树表示(即“演变关系”的同一图示);

⑦ 生物多样化的整个过程可归结为基础分化过程（某一种群中的个体是多样化的，表现出多样性，物种只是这种多样性的“加强版”）；分类中的超种不具有特殊作用，仅仅是分类的结果；

⑧ 分类等级（即“分类次序”：种、属、科等）具有任意性；

⑨ 一般而言，系谱的每一束分支中，彼此间差别最大者生命更为持久。因为，最相近的变异间竞争最为激烈。在这一模式中，选择发挥了作用；

⑩ 某些分支没有到达图表的顶端，它们的位置被其他分支中生命力更为旺盛的后代所占据。只有少数种群的后代（11 个首字母中的 A、F 和 I）到达图表的顶端。所有的分类等级都是

如此；

⑪ 从P32图2的图示中可以看出，当前（假设图表最顶端的横线表示当前）某些拥有共同性状特征，但不会彼此交配繁衍后代的生物，拥有共同的祖先（从纵向的时期看，位于系谱图中第一个接合处）。值得注意的是，如果我们欲以系谱进行分类，就一定要关注遗传中最为稳定的是什么，即机体中存在什么性状，而不是关注生物间整体上的相似之处，也不是关注生物体在做什么，更不是它们生活在哪里，抑或是人类怎样对它们加以利用。这就是系谱分类法（现在称为“种族遗传”分类法）以性状为基础的原因。这种分类法已有150多年的历史。

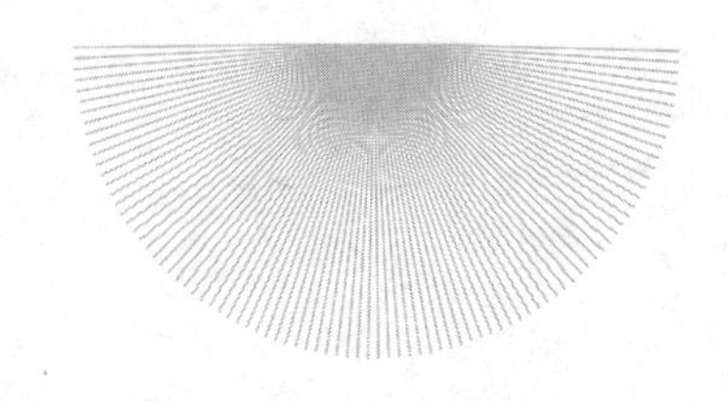

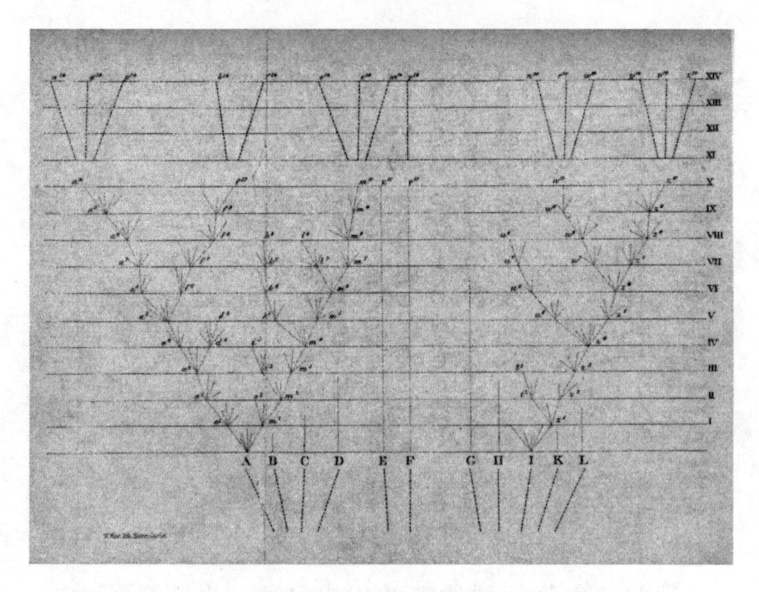

图2　生物系谱形态理论图示

注：图2可以概括并清晰地阐释出查尔斯·达尔文的一系列推测（选自《物种起源》）

一贯的误解

20 世纪，综合进化论的产生促使我们重新阅读达尔文，该理论提出“发育机制”的进化，推测出物种的实际状况：物种始终受到某种“程序”的控制……

我们在学校里学到，自然选择可以解释物种变化的方式。如前所述，当前任何一位具备一定文化素养的读者都会惊奇地发现，在达尔文代表作的标题中，即《论依据自然选择即在生存斗争中保存优良族的物种起源》中，作者提到了“保存”，而非“进化”。如果有某些读者快速地读完整本书，甚至会说，在整部书中都找不到物种起源！为什么会有这样的误解呢？因为我们总是先入为主地以综合进化论解读达尔文。综合进化论形成于20世纪三四十年代，是具有某种“物种现实主义”色彩的理论框架。比如动物学家恩斯特·迈尔就认为，物种是为人类所见的；物种是首要的，且是确实存在的。就此，人们便用自然选择来阐释物种的变化。这并不奇怪，因为规律性已然给出。然而，“物种”之于达尔文，只是“变异的深入效应”的语言表达方式；对达尔文而言，最重要的事实是，变异在大批个体中产生且得以显现。《物种起源》旨在从个体不断繁衍且发生变化的族群中获取规律性。自然选择的作用在于解释如何从不断的变化中识别同类，而后才会对怎样从看似稳定的存在里识别变化并做出解释。真正的物种起源是这样的：环境挑选出（“保存”）适宜生存与繁殖的变异组合。因此，从繁衍的角度看，当这些规律性的组合最终彼此分开时，我们就习惯上将它们称为“物种”。

从认识论的角度来看，“物种起源”建立在达尔文的唯名论（使用“物种”这一称谓只是出于称呼上的便利）上，这与迈尔的唯实论（物种本身就是切实的存在）恰好相反，迈尔认为自然选择解释了物种的变化。

当然，如前文所述：自然选择对稳定性和变化同时做出解释：如果环境是相对稳定的，自然选择解释了某一族群繁殖中形态的规律性；如果环境发生改变，自然选择则对物种的变化做出解释。当前依然存在对“自然选择”的误解，源自迈尔在其著作中对达尔文的误解。这对现代生物学产生了重大影响。

迈尔认为，以细胞构成躯体的种群的规律性无法用自然选择来解释，同样，自然选择也无法对化学领域内生命起源的规律性做出解释。

与迈尔相反，当前彻底的达尔文主义生物学却能够推断出生物各发育级别（从基因、蛋白质到细胞、行为等）选择稳定性的可能性。

以上有关物种的讨论同样可应用于所有指

令性概念，比如“程序”“机制”“信息”。

不需要“程序”

当我们认为事物处于稳定状态时，我们才会安心。更确切地说，我们之所以可以看到事物的稳定性，是因为我们认为事物存在最基础的稳定状态，拥有可以保障它们和谐或良好运作的指令。有时候，人们的意愿就在于，“为了对物种有益”。然而事实却是，他们不喜欢随机状态。于是，“一神论传统随之而来：唯一的造物主早已安排好世界的秩序”，这就是林奈的思想。但我们并不因此认为，数以百万计的生命实体可以在它们的种群内部，在不与其他生物实体配合协调的情况下，仍能在总体上，大规模地展现出中等繁殖能力。以一个经典的隐喻为例：人群中，每个人都在忙着自己的事情，但是警察了解通常情况下人群密度在何时达到上限会发生恐慌，从而导致人群拥挤不堪。从一个表现发展到另一个表现，从人群这一整体出发可以预见之后的情况，而这个情况并不源自人群中每一个个体的合作或规划。描述化学反应并预估最终物质的量，我们无须假设每个分子的运动都已被“规划”，却同样可以知晓反应的结果。现象统计学方法可以帮助我们理解这一点。奇怪的是，生物学上采用这种方法总会遇到很多的困难。胚胎在基因的推动下发育，当然，基因也仅仅是推动力。发育完成后，与规划被完成后不同，我们无须对其结果“基因可以复制”的原因做出解释。另外，我们也要知道，这种可复制性只是相对的，因为我们研究的只是发育成功的生物。为什么生物学上生物有机体的出现，在其所有表现上，从最初就不属于概率性事件呢？原因有如下两点。

第一，综合进化论（1935—1975年）在某种程度上背离了达尔文的思想。达尔文认为随机的变化是首要的，变化产生变异，自然选择在更大范围内为可感知的规律性（规律性中包括物种）做出解释，而后才对变化加以阐释。由于生物随时都在发生变化，所以无论如何，变化都会在一个小的范围内悄然进行。在这种思维框架下，概率性方法较为适用，可以用来理解最初的变异。恩斯特·迈尔认为，综合进化论中最重要的也是首要的参与者就是物种（因而这属于规律性之一），自然选择解释了物种的变化。如果物种是首要的，那么就需要先成论维持物种可观察的恒定性，也就是我们所感知的规律性的基本元素。因此就需要程序或机制。

第二，1994年，奥地利著名物理学家埃尔温·薛定谔在《生命是什么?》中，对先成推论的推测加以强化。他认为宏观秩序（例如，水獭生水獭，旱獭生旱獭）源于微观秩序，微观秩序可能体现于非周期性聚合物中。随后，DNA（脱氧核糖核酸）结构的发现似乎为这一观点提供了依据。因此，发育机制和基因程序在五十年间颇具威望，被视作大自然中固有且真正不变的因素。

如果自然选择作为进程进入个体体内，存在于个体细胞之间，自然选择就是规律性的源头——自然选择参与到规律性的结果中，而我们曾把规律性归因于“程序”。如今我们已经了解到，遗传表现型中的个体有很强的自由度，并不是所有的性状都会出现在基因序列上，性状特征是基因和环境共同作用的结果。

化学物质停留在DNA上，却不改变DNA序列，这样的表观遗传学现象会影响繁殖力、寿命以及抗病能力，决定着社会性昆虫的各级形态。非基因遗传力指的是遗传给后代的社会性行为，比如黑猩猩获取食物的能力或珊瑚礁鱼群洄游的能力，这里无须做出说明。环境干预也应与“程序”这一隐喻划清界限。树叶随着土壤化学成分的不同以及水分的多少发生变化；同种蝴蝶破蛹而出，但它们的色彩会随着环境干湿变化而完全不同，这些都是生物的可塑性。综合进化论认为，环境如同过滤器，生物与其基因程序会通过（或不通过）这一过滤器；而今，我们认为环境好比基因的搭档，具备过滤的功能，但也会参与有机体有限选择的构建。

生物学上的何种信息

同样的理由下，我们也必须承认基因信息这个隐喻。基因信息的传递或似现存有机体的指令，或似留给后代的遗产。基因信息似乎可以解释子女何以与父母长相相似。基因信息趋向于表现出某种不变性。但最根本的问题是，生物学上从来不存在这种不变性。

严格来说，信息是发出者与接收者之间恒定的事物。信息本质上具有象征性；信息源于对消息的阐释，又独立于其物质载体：信息的定义就在于它相对其载体而言保持不变的这种核心特性。例如，书本中的文章与被朗读、被广播的同一篇文章包含相同的信息，但它们的传播媒介以及信息的发出者和接收者的物质载体并不相同。

然而，“信息”通过载体后的“不变性”并不适用于生物学界。因为所有的生物学载体一直在发展变化（这就是物质），所有的生物学接收者也是如此。当遗传学家论及下一代将会被遗传到什么时，会审慎地补充上一句“以近乎突变的方式”，目的就在于表明不存在永恒不变的事物。虽然，高分子序列在生物进化史上看似被保留下来，但事实是它们也在不断发生变化，而我们看到的只是以“近乎突变的方式”选择后存留的可行的解决方法。如果未来条件发生改变，这些方法也可能发生变化。由于不知道未来会怎样，我们不能出于功用性目的而视生物为固定不变的。总之，不变性在现实中是不存在的。因此也没有所谓的“信息”，除非我们忽略或掩饰物质的变化。

我们应当对生物学中的信息概念予以保留吗？那就必须找到不变性的所在。不变性只是一种语言表述方式。如此说来，生物学界的信息并不是可以观察所见的，它表示的只是同源（表示拥有同源关系的事物）。因为，如果信息通过不同的物质载体从同类传递出去，那么一切都将存在于所谓的“同类”之中。任何一个生物都不会同其他生物完全相同。实际上，被我们视作“相同”或“相似”的事物或实际现象，只是我们将之称为同类，或用同一个词语来称呼它们，它们在细节上始终有所区别。从这一角度来看，比如“α-珠蛋白”的相似性总是极为显著，这正是由于“α-珠蛋白基因”信息作为一种约定的方式在传递过程中发挥着作用。信息意味着"赋予形式"，从一个生物到另一个生物，从一代到另一代，"α-珠蛋白"信息在机制的作用下形成，所以机制保证了相似性，也正是由于这种相似性，同源得以产生，"α-珠蛋白"这一表述方式也得以维持。

在这种研究视角下，信息就像类别，其实在大自然中并不存在，它们的出现只是出于语言阐述的需要：在生物学上，信息不是作用于物质世界的"非物质"实体，而是我们提出的分类学概念的延续，用来帮助我们寻找支配物质世界进程的规律性。分类学中的同源表示各种表征的规律性，甚至可以表示略有差别的相似结构的规律性；分类单元表示生物群体的规律性；信息表示同类产生过程的规律性。"同类"

并不意味着“同一”，因为还有多样性的存在。

以上所论唯名论生物信息学可能晚于生物动力学的出现。根据18世纪的观点，生物信息就像是精子中的小精灵，但它似乎也是系统发育和个体发育过程的组成部分。这种生物信息与“程序”彻底分离，因此与法国遗传学家弗朗索瓦·雅各布于《生命的逻辑》（1970年）中提到的生物信息有较大差别。

不需要“发育机制”

你从来没有听说过“发育机制”？只要你学习过动物学或植物学课程，就可以记住有关环节动物、脊椎动物等的基本知识。对于环节动物，人们可以标注出环节、原肾、神经系统的位置等。对于脊椎动物，则可以明确指出头颅、脊椎、眼睛、对称的附属器官、尾骨等，总之，人们对脊椎动物的标志性器官一眼可见。

曾经有一个时期，“发育机制”被列入进化论逻辑中，被视作“原始型”，即被考察群体的性状特征可能源自它们祖先的一系列性状组合。在20世纪下半叶，德国生物学家维利·亨尼希提出系统发育树，为构建系统发育学提供了可能。树状线谱可以体现出不同程度的亲缘关系，在共同的分支上，不会标示出所谓的已知祖先，但会显示未知祖先时期呈现出的性状，这些性状被遗传给后代。例如，在所有哺乳动物共同的祖先分支上，都会出现毛发、乳房、耳廓等。系统发育中，性状组合并不严格刻板，系统发育树分支上出现的并非“原始型”有机体，而是在假定且抽象的祖先（它们像不完全为人所知的谜一样）中出现的新形态的性状（笔者在前文中着重强调过这些性状）。

简而言之，性状经过进化可能最终呈现出镶嵌性。我们据此摆脱了各种性状共存于“原始型”的理想主义枷锁，而“原始型”的存在仅仅是为证明先验式分类群的合理性。在系统发育的系统分类学中，情况恰好相反，分类群出现于系统发育树建构之后。

从逻辑上看，“发育体制”本应与系统发育的系统分类学一同消失，但我们却忽略了人类思考的惰性。现在仍然有人在继续鼓吹发育机制的作用。因为他们毕竟不是固定论者，所以他们以教育学成效以及助记效来为之辩护。举例如下：不长眼睛的丽脂鲤属硬骨鱼和无尾骨翻车鲀科硬骨鱼会接受脊椎动物的发育机制吗？不长有足的蛇难道能够很好地适应四足动物的发育机制吗？面对这一悖论，发育机制的支持者们会匆忙做出以下解释：丽脂鲤属动物的眼睛已经退化；翻车鲀科的尾巴已经退化；蛇的足也早已退化。但这些论断不具同等效力，它们只在理论层面上有效。这些论断从类型过渡到进化，并将“体制”从仅仅用来帮助记忆的辩白中脱离出来。再让我们回到原始型这一话题。有趣的是，发育机制试图借助曾经与之对立的理论框架，在与之不相容的同时，也在维护自身的合理性。实则，“发育机制”是一种理想主义概念，它以分类群存在于大自然为假定原则，这样就使得固定组合中构成本质特征的性状变得不可见。所以在这一方面，它是反系统发育学的。在系统发育中，既不存在机制，也没有自相矛盾。在某一时期，生物进化树上出现了行走的足,而后,足在生物树的许多分支（诸如蛇、蛇蜥、脆蛇蜥、鳞脚蜥科、无足目等）中多次消失。系统发育树再现了生物进化的变动性和随机性，但它并不否认稳定性：某种性状一旦出现，而且随后并未消失，就证明了存在一些使之继续保持稳定的因素（选择性因素、胚胎学因素和结构因素的存在）。如此，发育机制就变得毫无用处，甚至繁琐。

扩展的遗传性：基因只是搭档

生物学界早在 1909 年就提出了基因的概念，但直到 1953 年方得到其存在的实证。此后，基因概念在进化理论中的作用越来越重要。1955—1975 年的二十年，进化理论主要集中于基因层面，而且不可避免地走向适应性。许多适应性主义者认为物种中稳定的变化都存在选择性因素。20世纪70年代，随着中立主义的确立，这种思想与中立主义逐渐混淆，选择主义者与中立主义者（后者声称绝大多数基因变异都属于选择性的中立）之间的对立不过是表面现象，而非实质问题。况且基因优势具有多种形式，例如1976年，英国生物学家理查德·道金斯提出的“自私的基因”这一概念。基因化约主义曾经极具影响力，导致人们很难想到后天获得的遗传。基因优势一直持续到20世纪末。适应主义和基因化约主义的结合，使得众所周知的“基因程序”更加深入人心,而“基因程序”就是创造下一代所获取的选择性指令。

然而，近十五年来，基因不再是万能的公证人，不再负责有机体的运作以及对后代的遗传，却变为上述现象产生的推动力的“搭档”。在复杂的环境下，基因突变确实总能产生显而易见的结果（尽管大部分突变是选择性的中立，事实上并不总是如此）。今天我们认识到并非只有DNA中的基因信息可以传递给下一代：表观遗传学信息也可以传递，前文已对此做出讨论。此处涉及的问题是没有排列在DNA序列上的信息，它们与次级化学变化（DNA的甲基化、乙酰化）修饰（染色质状态）、微核糖核酸有关联。例如，像蚂蚁、蜜蜂这样的社会性昆虫，蚁后、蜂后繁殖出它们的后代，甲基化的作用就是将它们的后代加以区分，从而产生不同的级（兵蚁、工蚁、工蜂等）。这就是表观遗传学的遗传可能带来的结果，但遗传也会在生物其他等级间的融合中进行。当缺乏启动遗传的基因因素时，某些基因的“细胞记忆”

就会发生作用。现在我们了解到行为、技术能力、语言、文化等可以被遗传，而且，若无须赞同基因化约主义，那么学习能力也位列其中。学习能力十分重要。技术能力是可变的，是可以通过学习获得的（从一个个体到另一个个体），因此是可遗传的，也无须进行选择。学习以及文化方面的遗传能够纵向（从亲代到子代）、斜向（从一代到另一代，个体间不存在亲缘关系）、横向（同代或同年龄层的个体之间）进行。在此有一个学习能力斜向遗传的典型案例。1953 年 9 月，人们在海边发现，日本猕猴（也叫雪猴）中一个年轻的母猴率先在食用甘薯前到海里将之清洗一番，随后，它的玩伴以及它的母亲都开始清洗它们的甘薯。两个月之后，日本猕猴的群落里逐渐发生了变化：它们在食用甘薯之前，都要用海水洗掉甘薯上的沙子，就着一点咸味将甘薯吃下。此后，真正的“文化”学习遗传案例不胜枚举。五十年来，仅仅针对黑猩猩这一种动物，不同地域统计出的后天行为就有39种，其中包括开坚果、捉昆虫、使用树叶和小棒等技能。近30年来，70 000多份有关650只座头鲸个体的观察结果显示，多种捕猎技能可以通过观察斜向传递。同样，雄性座头鲸的叫声每年都有变化。每一年这种变化会越过整个太平洋进行横向传播，好似“夏季的流行歌曲”。更为壮观的景象发生在阿根廷海岸和克洛泽群岛，那里虎鲸的捕猎技术惊险而特别：为了捕食海豹，它们几乎搁浅在海滩上，但它们只是保持半搁浅的状态，因为这样才会有“撤退”的余地，而真正的搁浅就等于死亡。没有海豹的时候，虎鲸妈妈和小虎鲸就会搁浅。在这种“尝

试 — 失误”间，一旦小虎鲸真正搁浅，虎鲸妈妈就会将小虎鲸放回水中。这就是我们讨论过的学习或训练。海豹、抹香鲸、圆头鲸等母系群居个体在后天特征上具有一致性。不过，这些物种的线粒体多样性减少了，线粒体 DNA 只有通过母亲才可以遗传给下一代。这一方面占主导的假说认为，只通过母亲遗传的基因的多样性减少，证明了最具竞争力的后天系谱的支配地位。这种情况下，后天进化引导多样性和基因的进化。这一论断已在人类身上得到证实。举例说明，中亚人群处在土耳其语和伊朗语的接合处，与地理因素相比，语言的多样性更会加强基因多样性的建构。于是，语言就成为基因交流的障碍。印度的种姓制度也是如此。在荷兰，宗教建构起人群基因的多样性。由此，源自学习能力的文化可以建构起种群的基因就不足为奇了。

另外，学习能力具有个性化特征。如果一个人明确表示他的整个成年时期具有历史唯一性，那么这主要归因于其本身的学习能力。所有脊椎动物都拥有这样的特性，即有很强的记忆能力（大体上，包括羊膜动物，尤其是鸟类、灵长目动物以及鲸类）。个体间真正习得的东西并不相同（具有个性）且显然可以遗传，所以文化就倾向于受到选择的支配。简而言之，基因不再是遗传的垄断性因素。另一方面，我们知道“基因”的这一表达是随机性的结果，随机性又取决于环境。20世纪六七十年代产生了“特异性”概念，相比于这种机械论模式，融入了随机性的基因表达模式可以更好地描述细胞中的实况。总之，基因表达结果的复制性并不完全在于基因控制了一切，前文中我们已经提到，基因只是一种推动力，事实上是有无数的参与者，以各自小规模的自由度，展现出较大范围的且可以复制的现象。至此，我们并不是否认或抨击基因与突变，它们只是被放置到了一个复杂的机构中。而在这个复杂的机构里，它们的效果被减弱，并且随机性又重新回到有机体的进化系统中。

研究前景

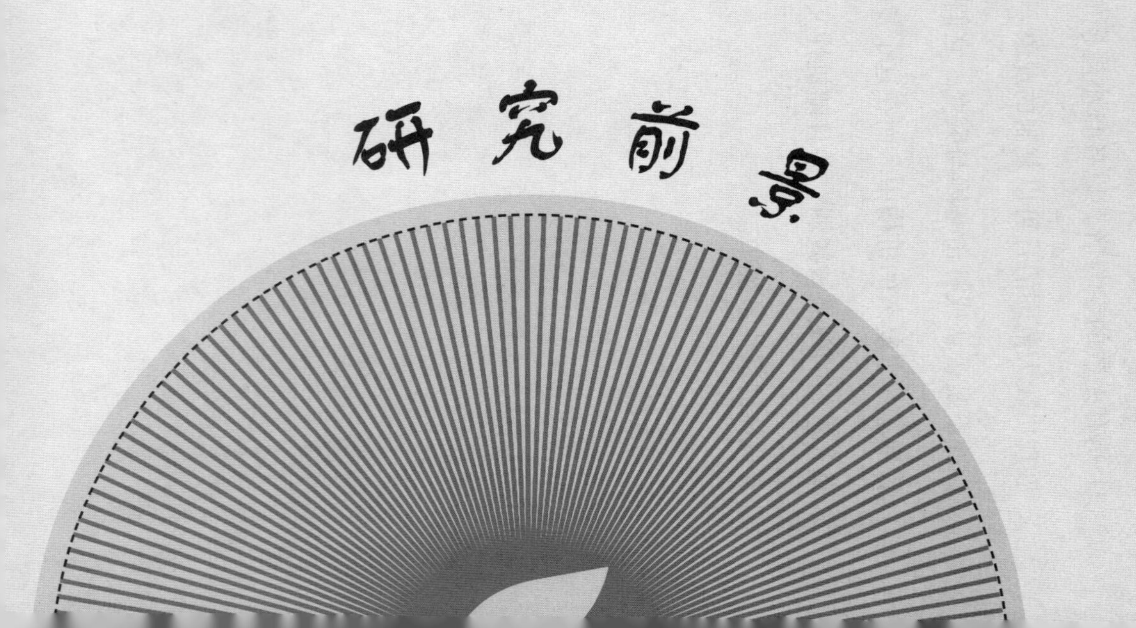

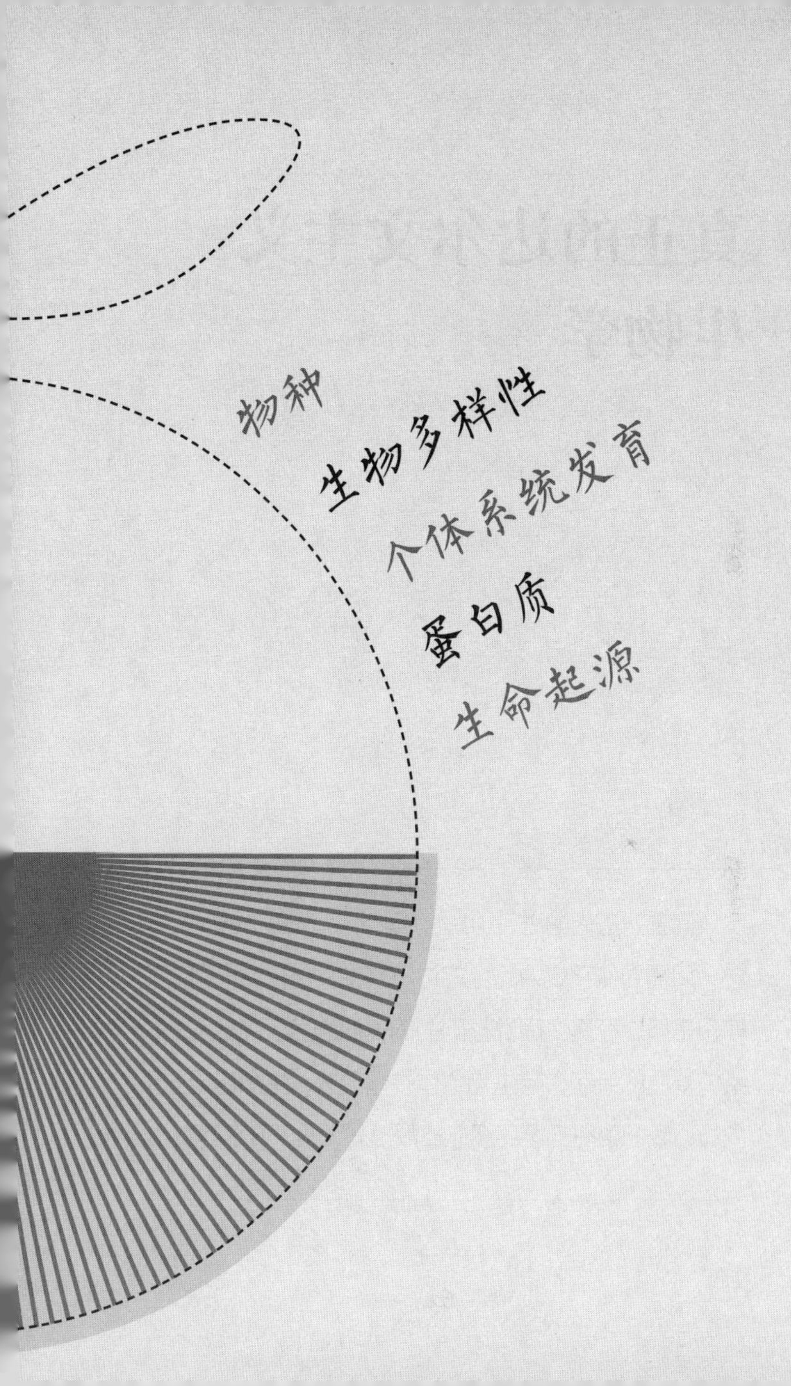
物种
生物多样性
个体系统发育
蛋白质
生命起源

真正的达尔文主义生物学

需要对进化论进行再解读吗？不，没有必要。

只需要使它成为完全的达尔文主义进化论即可。物种只是建立在演变假说基础上的一种语言习惯，是个体系统发生的所在，与生物个体并无二致；生命起源于蛋白质；我们以往的癌症观亦被颠覆。

生物多样性结构的内涵：什么是物种

在今天，生物多样性依旧被视作生活在特定地点的各个物种。这种观点表明面对繁殖障碍时，我们估算生物资源的重要性，却忽略了每个物种内部的变异性和物种间的相互作用。然而，美国生物学家爱德华·威尔逊对生物多样性的定义是“所有生物的所有变异”。

生物多样性囊括植物物种、动物物种、微生物物种，以及生态系统和生态过程，而生态系统和生态过程又是构成生物多样性的其中一个因素；生物多样性是一个概括性术语，表示自然多样性的程度，自然多样性既包括数量，又包括特定环境内生态系统、物种和基因的频率与数量。1992 年，在巴西里约热内卢召开了联合国环境与发展大会，会上重新正式确定了生物多样性的三个层次，生物多样性就是生命的各种状态结构性、官能性的多样性，生命生活在复杂的有一定结构层次的生物圈中，包括基因、种群、物种、群落和生态系统。我们并非将物种视作形状统一的砖块进而对之进行堆砌计算。单从物种的角度来理解生物有其不足，要强调这一点，就要知道物种不会同时趋异，也不会拥有相同的基因变异性。尽管黑猩猩的数量无法与人的数量相比较，但将黑猩猩的不同种群分离开的遗传距离要比人的遗传距离高出多个数量级。还有昆虫的繁殖障碍在基因多样性的少数中发挥作用，而对于某些开花植物，则出现相反的情况，每个物种的基因多样性是相当丰富的。总之，计算物种对于研究生物还远远不够。那么我们为何如此热衷于研究物种呢？自人类存在以来,人类就见证了“狗生育狗，猫生育猫”的规律，这些都告诉人类生物世界是秩序井然的，秩序孕育秩序。于是，既出于实际需求，又源于抽象概括需要，人类需要“秩序”，这使得我们更喜欢明显的有序，而不是明显的无序。主要现实性限制因素在于人类需要对自然界中的生物做出透彻的解释，但人类却无法对每朵花、每只飞虫一一命名！我们应该创建类别，以在某种程度上说明生物的概况，而分门别类又离不开语言上的创造。

自然科学中，套入类别便完成分类。特殊层面的类别（比如物种）在自然科学中长期存在疑问，因为亚里士多德、卡尔·林奈、恩斯特·迈尔都把物种看作是真实存在的。其实，如前文所述，物种仅仅是关于演变关系假说的语言表述方式。下文中我们将对此做出解释。

查尔斯·达尔文没有在一定的范围内讨论生物问题，而我们现在需要讨论一下这个“范围”。达尔文于物种内部解读变异的广博程度，物种只是变异深入发展的结果。在达尔文看来，任何变异都源于进化。大街上遇到的面孔各不相同，这也是进化的结果。但达尔文最后思考的问题却是为什么尽管存在变异，人们却没有发现介于猫和狗之间的生物呢？是什么将不同类的生物群，也就是可以繁殖后代的不同个体群加以区分呢？答案就在自然选择中。另外，又是什么维系着各类生物的存在呢？这就需要用系谱来解释。从前的系谱主干在各种变异的作用下在纵向上生出分支，各个分支上的种群个体可以进行杂交。但经过长期、充分的分离，上述分支的个体间不再通过杂交来繁衍后代。其原因在于，双方个体所经历的变化及遭遇的障碍各不相同。一旦停止交流，就会产生趋异。因此，自然界里没有物种，只有繁殖障碍。但出于语言表达的需要，我们会习惯性地在脑海中利用繁殖障碍来构建物种。

无论两种系谱分支中生物间的繁殖障碍属性为何,上述解释依然是可信的。可能是地理的，也有可能偏向于生态，或是同一地点的季节变化、行为差异。

理论上，今天我们所定义的物种如同一个包容物，包括系谱中纵向上某一结点与其下方结点中间所有个体经过交配繁衍后的整体。换言之，物种就是系谱树上的一个“结间节”，是一个未从生命系谱树上分离的环节。人们习惯上把这一“外壳”置于生物世代发展的历史长流中。总之，物种是我们为解释演变关系假说而创造出的分类方式。摆在我们面前的实际问题是：我们是否可以确定某一具体的生物个体确实属于某一“结间节”呢？即它是否真正属于某一已被确定的繁殖种群呢？为此需要使用相应的认定标准，也就是实际的分类标准，比如互交繁殖力或基因相似度。长久以来，包括在学校教育中，我们将这些标准同物种的定义相混淆，而今天，我们逐渐摆脱了这种做法。

现代系统分类学终止了对包容物与内容物的混淆。自然界中只会自发地出现繁殖障碍，而不会出现作为“包容物”的物种。“大自然中从未有过物种”的观点同时具有两层含义：其一是一种事实，即物种是人为制造的概念，所以不会出现在大自然中；其二是一种假说，即繁殖障碍在大自然中是可见的，因此人们就用它来建构有关系谱流形态的假说。我们借助于互交繁殖力和基因相似度，确定某一个体属于新物种或已知物种。

进化过程情况：个体系统发育

自2002年以来，基因表达和遗传力的新模式研究方面成果丰硕。基因开关图解显示，除程序开关之外，基因不再自我表达，但基因的表达带有随机性。总的来说，现象的规律性，尤其是选择连同随机性变异的结果，而非受程序控制。从概率论角度看，DNA被视作蛋白质的随机发生器，有选择地受限于生化微环境或细胞微环境，与系统发育相关的某些历史条件也在DNA的形成中起到一部分作用。这对于我们理解细胞分化、胚胎发育、生物进化动力至关重要，一旦认识到这一点，我们就会知道，生物个体规律性的特殊发育机制并不存在，同样，也没有掌控物种规律性的其他发生机制存在。自然选择是所有生物进化系统的唯一机制，它来源于各级与生物繁殖相关的具体变异。与此相关的概括性理论就是个体系统发育理论。该理论认为，在系统发育结果的限制下，一旦细胞接收到“信号”，细胞分化就会依赖于自然选择。换言之，任何时候，机体的组成都受限于遗传（可追溯到很远），父（母或父母双方）阅历的部分记忆成为基因的“阅读状态”传递给下一代。越来越多的可塑性实例显示，既定的发育环境会选择某一特殊的表现型，环境越来越多地介入到个体发育中。因此，即便在某一单一的个体中，也存在自然选择。

在此之前，生物学研究被划分为不同的领域，分别研究物种的产生和维系（系统发育）和生物个体的产生与维系（系统个体发育和生理学）。事实上，物种已不再被视作为一种枷锁，而是基于演变关系以及单一系谱环节假说的一种语言习惯。既然我们承认自然选择可以在个体体内发生，那就可以将以上两个研究领域合二为一，即个体系统发育。

对癌症的影响

癌症的基因起源理论清楚地告诉我们，肿

瘤之所以扩散，是因为原组织细胞发生了基因突变，发生基因突变的细胞脱离了组织对细胞增殖的控制。基因突变赋予子细胞生长的优势，因此后者得以迅速繁殖，并最终发生转移。在这一模式下，癌性现象的起源的确与基因相关，并且只涉及个别细胞。自从我们掌握了单细胞基因组测序技术之后，我们就于癌细胞内部发现了基因的异质性（癌细胞中每个细胞的基因组都是不同的，这种不同的突变会造成每个细胞具有某些不同的性质）。比如在肾脏癌性肿瘤中，在对整个肿瘤的各个细胞进行扩增和测序后，竟然找不到一个共同的“突变源”！此外，肿瘤异质性并不仅仅存在于基因中，还存在于其他分子级别中。简言之，即使只有一个基因组,癌细胞与其基因组也不会“做”同样的事情，可能需要重新回顾这个模式本身。

基因表达随机性的论证颠覆了我们对癌症的看法。毫无疑问，癌性肿瘤的基因表达特点是极富变化性的。事实上，癌症不应归因于基因的改变，而是源自环境因素。细胞间的相互作用不是基因控制的结果，而是选择性因素发挥了作用。细胞会根据接收到的“信号”进行细胞分化，因子在细胞间释放出相互作用力。其实，基因表达极其不稳定，使其稳定下来的是细胞间的相互作用。如果环境因素不能使基因表达稳定下来，细胞会自动进行分化和增殖。癌性紊乱的源头并不是诱使癌细胞与“正常”机体不相一致的“癌症基因”，而是细胞间相互作用的紊乱。被我们曾经当作致癌结果的其实是原因，而我们曾经认为的致癌原因实则是结果。

不难设想，这意味着癌症治疗方法上的重大变化。当前主导的治疗法以基因为中心（原因在于将癌症的诱因归因于基因突变），认为肿瘤细胞是失衡的起因，所以主要目的在于破坏肿瘤细胞。因而，这样做并未触及或只略微触及细胞“对话”紊乱的真正原因。寻求办法，重建“对话”才能稳定肿瘤细胞。但是为了做到这一点,就必须接受随机性以及“变异－选择”可以进入到基因表达中心，而这些仅仅在21世纪初才被发现。

对生命起源的影响

今天，我们致力于向各阶段生物研究普及

进化的理念，从基因表达的随机调整到生物的分类。我们一直强调一个事实：自然选择在小规模的“无序”基础上，建立了规律性和大规模且明显的“有序”。另一种概念，即突现理论，它对于我们理解生物、心理、人类学、文化和社会现象十分重要。简单来说，突现是指一个由相互作用的多个实体构成的体系会呈现出某些特性，但这些特性并不是这一体系各组成部分的特性之和。由此，会有 $n+1$ 种特性从 n 个部分的活动中突现。

将自然选择理论同突现理论相结合，将对理解上述 $n+1$ 特性出现的原因起到决定性影响。事实上，诱发“秩序”或“无序”原因的问题在此已不复存在，生物学具有 $n+1$ 规律性进化显现和官能突现模式，但这并不始于 n 种“无序”，

而始于 n 层与官能单元协作的理化效应，因此规律性表现在这一层。目前，以上理论具有十分重要的意义，原因有如下两点。

其一，物理学与生物学“重归于好”。生物科学属于分析层面，从分析中，我们认识到物理学机体和化学机体都拥有其随机发生机制。当这些机制引发遗传变异时，种群会进行适应性转变。例如，细菌种群可以在环境极其恶劣的情况下生存，是因为某些基因以某种方式“打开了突变的阀门”。巨大的突变流会使大部分个体死亡，但一定比率的幸存者会偶然获取到基因组合，这些基因组合能够保证其继续存活，并自他们起开启更加适应新环境的新种群。简言之，从系谱线角度来说，历经许多突变，才有选择性的优势，这样才可以显示出已得到的各种“解决办法”。另外一个例子也同样重要，即性征的根源。因为可能性基因组合的数量有所增加，它便好似种群中基因多样性形成的偶然机制。这种生物观点意味着把我们所谓的“生物学”同变异、遗传能力相等同，相当于同引起选择的事物相等同了。这是一个重大的改变：生物学成为物理学规律与化学规律的合体，受到必然性(“必然主义”世界)的支配。截至目前，由于没有将自然选择牵涉其中，所以很难对新特性的突现做出思考。但所有等级的生物——球状蛋白质、细胞、动物、种群都仰仗自然选择来发挥作用，这是一个既定的事实。

其二，这一概念把蛋白质视为生物组成的基本单位，甚至为其强加了一个理念，即生物进化首先要经过蛋白质变异与选择的过程。要理解这点，需要将“生物”称为自然选择的幸存者。自然选择原理在于，生物实体随机变异并将变异传递到其他生物实体。变异并不难以理解，我们已于前文做过充分的叙述，它是物质的改变。因而传递(遗传)需要概念上的调整。传递了什么？是分子链？三维分子结构？蛋白质？还是某种能力？根据广义的自然选择概念，传递的是相似物。因此需要了解生物变异，以及变异传递给同类结构的最小结构。由氨基酸链组成的蛋白质就是最小的结构。氨基酸由不同种类的小分子组成（例如有20种氨基酸构成我们的蛋白质，但宇宙中还存在很多其他种类的氨基酸），氨基酸可以在脱离细胞和生命的情况下，像珍珠项链一样相互连接（氨基酸是“可聚合的”）。我们将这些小氨基酸链称为“多肽”。氨基酸的形态十分丰富，多肽可以在三维结构中进行自我折叠，其结构既确定又多变，这就是球状蛋白质。换言之，“珍珠项链”不会固定不动，它会采用某种“形式”，以限制后续“珍珠”的到来。氨基酸链（指“珍珠”的外观）按照已编入的氨基酸的方式编入多肽链中，所以事实上存在一定的重复性。重复性随着聚合长度的增长而增加。脱离生命的氨基酸通过聚合作用把蛋白质变得互不相同，但也会使蛋白质变得相似，这取决于环境条件。相似的蛋白质可以进行联络，可以相互影响它们之间三维结构的形成，但由于物理化学作用，它们需要经过特别长的时间才可以成长发育。让我们来回忆一下，从传染性蛋白微粒中，我们了解到蛋白质可以通过与相似蛋白质联系，传递其结构。因而就存在一种相似性的传递。另外，新模式表明，球状蛋白质表面的静电场使得球状蛋白质有能力同被选择的特性源头相连接，后者在一个更高的突现层面上被选出：这正是我们在前文中讨论过的 $n+1$ 层明显“有序”的选择性突现，它来源于 n 层物理化学的协调作用。由此，球状蛋白质很可能是分子中率先经历变异和自然选择现象的成分，也是构成生物体的第一层次。生物是至少由球状蛋白质组成的实体。在这种观点下，生物的定义范围最大，就连病毒也属于生物的一种，这就解释了为何不存在没有经过进化的生物。可能我们已明白，这些概念性理论将球状蛋白质视为生命的起点。

生物树需要修正吗

部分需要。查尔斯·达尔文曾依据他所熟知的大型生物，建构了不同系谱的理论模型。一旦繁殖障碍分离了谱系中的枝杈，枝杈中的生物就不可能再次相交配繁衍。当前，基因组层面的生物多样性研究揭开了微生物不为人知的基因交流强度。

诸如细菌、单细胞真核生物等微生物构成大部分生物量。它们的繁殖时间很短，这意味着较于人类，它们进化地更快。尤其特别的是，它们可以直接或通过病毒来间接交换 DNA。基因物质的这种持续交换被称为“横向传递”，“横向”表示当前，与 DNA 的“纵向”传递相对而言，“纵向”传递发生在我们人类身上，即大型有性之分并代代相传的机体，正如达尔文图表所展示的那样。根据最近的研究，横向传递强度指的是，大部分微生物的基因更多地源自横向传递，而非母细胞。事实上，这样的差别意义不大，传递可能一直在进行。我们甚至把微生物视为嵌合体，与其他微生物一直保持基因物质的交换。这就是在不同环境下生存的大部分细菌，一旦脱离其生存环境，就无法在实验室培养成功的原因。如果我们无法找到一个拥有所有 DNA 序列的个体，一个既定的物种可以用泛基因组来描述，也就是物种中已知基因的 DNA 序列总和。其实，泛基因组大大超越了一个单独基因组的能力。泛基因组包括核心基因组，核心基因组又包括物种中所有成员的共同基因、某些分支的特有基因和宏基因组（一定环境下存在的全部基因）。我们以最为熟悉的大肠杆菌为例，在它的基因中，基因组中心只拥有其20%的基因，而90%的已知泛基因组构成了大部分分支80%的基因组。微生物横向传递表现出的适应能力令人惊异。宏基因组学也向我们揭示出人类并不具备的机体系统发育谱系（在此，我们只了解DNA序列），它的趋异程度十分显著。另有研究表明，在生物信息传递中，病毒发挥着重要作用，当前海洋病毒研究十分活跃。

置身其中，如何应对

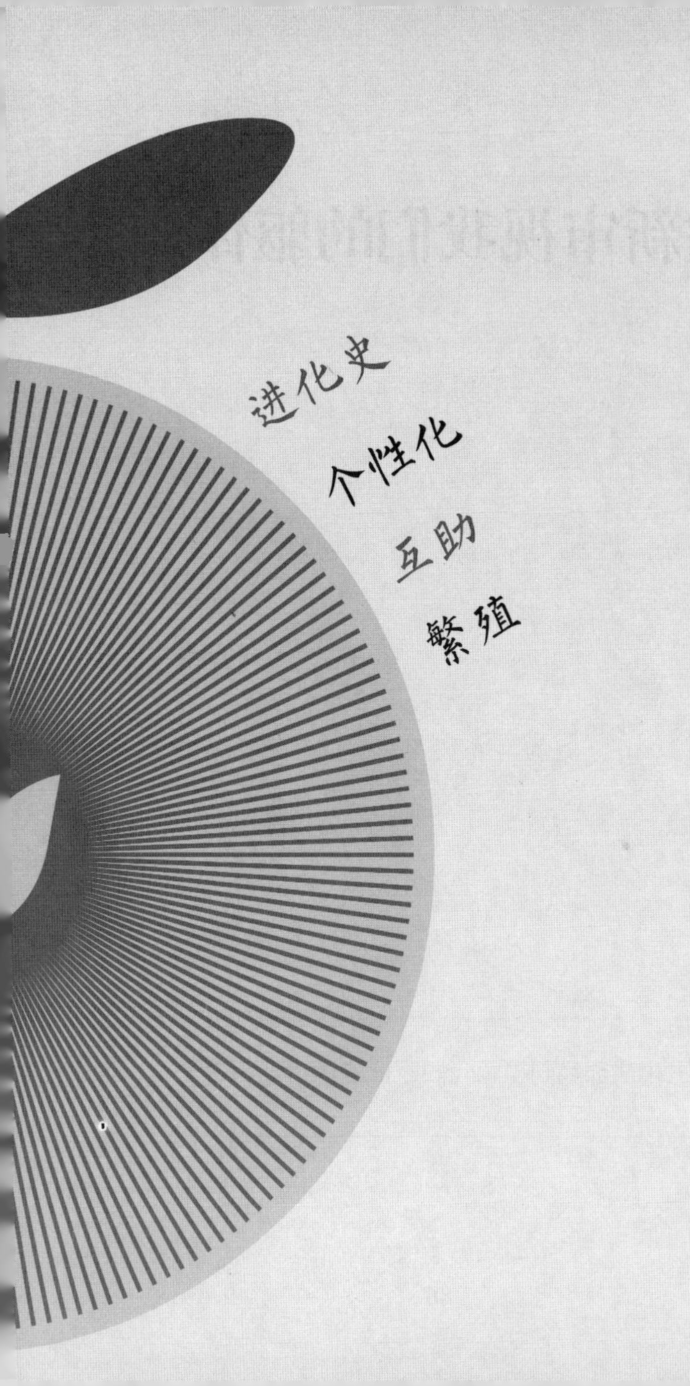
进化史
个性化
互助
繁殖

重新审视我们的躯体

进化帮助我们了解我们躯体的运行与历史。

我思考，我进化

如前文所述，生物体以随机变异的生成机制为特征。变异是适应的源头，在某些情况下，积极产生变异的能力会被自我选择，这种能力的作用在于促进适应水平的改变，如同前文论及的细菌。这种能力无论在物种间还是在机体内部都会发生。例如，大脑中“海马体”的干细胞增殖，会伴随大量的基因重组，而其中神经元的形成会一直持续到人的成年阶段。此处涉及可动遗传因子的反转录转座子作用，因而也与同一大脑细胞间基因多样性的产生有关，大脑引发选择，选择会导致神经胶质细胞或者神经元的分异，也会导致以上两者进入神经元回路。

一

我是谁

在个体系统发育范围内，个体的个性化是生物进化表观遗传学的延伸（广义上说，包括生活经验），它会延伸至个体的历史，甚至在某种程度上也是个体基因的延伸，而今，同一个体体细胞的变异已被承认，他似乎成为生命灵活适应性潜质的一部分，尤其在大脑层面，上文我们刚刚介绍过这一点。克隆繁殖生物的梦想已被打破，原因在于定义个体的不是个体基因组，而是个体轨迹，基因和深入到神经元网络的化学痕迹在生物的表观遗传学中打下烙印。对于平均每一个体都有很多后代的物种，多样性在种群适应的层面上产生。但对于后代数量少、个体寿命长的物种，在很大程度上，可以适应在个体间传递，形成表观遗传学个性化。在哺乳动物身上，我们发现了最高级的，尤其是经过中枢神经系统调节的个性化适应。哺乳动物的大脑会随着时间发生变化，但不会清除掉记忆留下的痕迹，而这些痕迹是不断扩大的个性化的主要参与者。不过，与已获得性记忆存储相关的强大适应性也有其不足之处，即对于个性化很强的哺乳动物，其再生能力十分有限。比如，若一只成年金鱼的大脑部分受损，受损部分极易再生，但金鱼是没有记忆的，而人类的记忆能力很强，却在成年阶段几乎不具备再生能力。

我被“复制”，可又是什么被“复制”了呢

“被复制”是什么意思呢？

客观上说，每一个细胞、每一个个体都是独一无二的。我们只能“复制”出与自身相似的后代，永远也不可繁衍出与自身完全一致的子代。实则，我们虽然不能“复制”，但可以繁殖。18世纪时，人们不谈“复制”，只谈“繁殖”，后者似乎更切合实际。我们认为胚胎的规律性（胚胎可存活，并与父母相像）是某一预设计划或程序的必然结果。然而我们却忽略了一个事实：只有少数已形成的胚胎可以存活。其余的胚胎由于各种意外无法存活，因而就不被讨论。繁殖的规律性往往以大量死亡为代价，事实上，从个体系统发育角度来看，变异与选择发生在整个生物界，大量的死亡无非是生命惯常而又必然的结果，例如在数以百万计的鱼卵中，只有几十颗会存活，其余的鱼卵都没了音信，或者因为在它们的发育过程中出现了变故，或者因为鱼卵或幼鱼被吞食。个体死亡对于保持系谱流十分必要。

减数分裂（一个生物性细胞分裂出四个性细胞）使基因重组，因而每个配子和每个授胎的基因都是唯一的。所有可变的受精卵都将深入到胚胎发育机制的中心，经历选择。自然选择不会筛选出“自我”，而会筛选出能够在现有环境下生存的性状组合。

为什么女人分娩很困难

不同时期下的选择会给身在其中的个体带来矛盾的影响和一些许不良的后果。例如，400多万年以来，人类形成双足行走的特征，这造成脊椎给骨盆的压力，进而骨盆承受了来自头部、躯干和双臂的重压。分娩时，胎儿头部经过骨盆

（即产道）脱离母体，而产道的直径往往小于胎儿头部的直径，这要归因于骨盆的承压特性。然而，100 多万年前，人类的脑容量以惊人的速度增加（在进化的范畴内），最终胎儿的头盖骨只能从母亲骨盆下方艰难地通过。于是，人类同斑鬣狗一样（由于其他原因，分娩也很困难），成为分娩时付出最高代价的物种。当前，女性分娩时的死亡率是 18 世纪中叶的百分之一。然而在全世界，每天有 1 500 名妇女死于分娩。在尼日尔，全国七分之一的妇女死于孕期并发症。总之，这一难题源自选择的不同时期，例如 350 万年前，标准的两足动物——南方古猿在分娩时没有任何困难，原因在于它们的脑容量极小（成年南方古猿的脑容量不足 500 立方厘米），但在后来，他们的脑容量竟然增加了三倍。所以，生物世界并不“完美”。

男人为什么会有乳房
我们又为什么会打嗝

如前文所述，生物世界并不“完美”，下文中我们将进一步证实这一点。一方面，生物世界中存在结构与历史性的束缚，另一方面，在此束缚的作用下，最终产生了毫无“用处”的结构。为什么男人会有乳房呢？仅从适应主义角度论证而言，我们应该认为男性的乳房是为了“适应”某物，服务于某物，但事实并非如此。男性乳房只是胚胎发育初期两性区别并不明晰的结果，性成熟后，两性区分明显，女性的乳房会发生作用，但在选择的作用下，男性乳房总是不起作用。

我们又为什么会打嗝呢？这是历史的结果。如果我们从医学生物学角度观察人体，会立即理解身体的运行。在20世纪的医学知识传统中，几乎没有什么能阻碍一个外科医生或一个牙医的想法，他们认为人体由工程师建造而来。一旦人体无法运行，只需要修理一下即可。十几年来，上述情况发生了变化，但对于从历史角度解读人体，人们却闭口不谈。

横膈膜神经受到刺激，横膈膜与喉部区域不由自主地发生重复性收缩，引起痉挛性声门紧闭，就会出现打嗝现象。横膈膜神经是横膈膜的运动与感觉神经，横隔膜是引起胸廓运动、帮助换气的膜状肌肉。如果横隔膜神经停止运作，我们就无法呼吸。横膈膜神经是周围神经系统的组成部分，是形成于颈髓的第三和第五节段，确切地说，主要来源于第四颈神经前支，所以距离受神经支配的肌肉较远。为什么会有这样的距离呢？对于医生来说，这一距离就是人体神经系统的奥秘所在。该系统中，31对脊神经几乎从椎间孔穿出，主要负责支配该身体某一区域的活动。横膈膜受某一神经的支配，但该神经并不属于横隔膜区域。它需要经过颈部和胸廓，这样奇特的神经通道容易受到意外的刺激。其实，这种脱离常规的通道并不是“适应”的结果，它毫无“用处”可言，它只是动物躯体历史发展的结果。横隔膜的出现与脊椎动物肌肉的出现情况一致。约3.8亿年前，肉鳍鱼的肌肉块即鳃篮，位于脑颅后下方。随着初期四足动物的出现，它们的肩膀和头部得以分离，进而衍生出颈，肌肉块便被挤到颈后。在随后的2亿年间，肌肉块不停地后移，一直移到胸廓后部。在上述整个历史进化史中，肌肉发挥了作用，神经也支配了肌肉的活动。由此，我们就拥有了进化史方面的证据，虽然它并没有很好地发挥作用，但我们了解到除了功能性和适应性躯体外，人体总体上是在漫长的进化历史中形成的。

自然起源的互助说

进化是基于互助还是竞争呢？两者同时存在。一些物种只懂得竞争，例如鹰会为了捍卫自己的狩猎领地而驱逐所有的同类；另外一些物种却只会互助，生活在非洲热带草原的非洲野犬便是如此。狩猎时，野犬集体出动，巢穴中只留下幼犬和照顾幼犬的两三只成犬。非洲野犬的狩猎如同一场持久战，可以远离巢穴数十千米，在耗尽猎物的体力后，杀死猎物。它们就地吞食猎物，然后返回。回到巢穴后，饱食的非洲野犬会将肉反吐出来，不加区分地给所有幼犬或留在巢穴的成犬分食，不过每次狩猎时留守的成犬都会不同，所以说非洲野犬是互助狩猎的。还有一些种群既懂得竞争，也懂得互助，例如斑鬣狗会合作狩猎，但在瓜分猎物尸体进食时，又会进行激烈的竞争。斑鬣狗进食的次序十分严格，它们会时刻警惕没有排上次序却想要吃到食物的同类。人类社会也是充斥着自私与团结的混合体。与达尔文同时代的英国哲学家赫伯特 · 斯宾塞曾试图抛却达尔文所讨论的互助，而唯独研究自然选择中的竞争。另外，如俄国地理学家克鲁泡特金却特别注重互助。不过，生物间的关系错综复杂，无法以简化的思想进行归纳。

专业术语汇编

适应主义

一种研究科目，研究机体表现的选择性原因：所有的表现都为了适应而存在。

表观遗传学

环境因素影响基因之后的分子的调节机制，在个体生命过程中，留下了识别基因的可逆痕迹，该基因可能会传递给下一代。

物种

长期不分裂的繁殖流，与其他繁殖没有交叉。

遗传性

传递给下一代的能力。

个体系统发育

自然选择理论的延伸，将个体的变化（个体发育）研究和物种的变化（系统变化）研究集于一身：包括所有等级的生物体，从基因到蛋白质到种群，再到物种，经历了细胞和个体，自然选择解释生物及其变化的规律性。个体和物种是系谱线上选择的产物。

泛基因组

物种中已知基因所有DNA序列的总和，包括核心基因组（涵盖所有物种中都存在的共同基因）和某些分支上的单基因和宏基因（一定环境下存在的所有基因）。

系统发育

可表现为树形，用以表明亲缘关系。

基因化约主义

认为基因的直接活动（甚至是控制）可以解释生物表现（包括行为）的一种思维方式。

自然选择

实体表现出变异，甚至是微不足道的变异，变异以这样或那样的方式传递给同类的实体。自然选择理论从这一点出发，指出环境条件通过变异进行筛选。若变异偶然有利，其载体就会越来越多，反之，无益变异的载体就会越来越少。种群（或物种）中的有利变异会稳定下来。因此，自然选择解释了生物结构拥有规律性的原因，虽然其结构也在不断进化。但如果环境发生改变，自然选择也是种群（或物种）发生变化进而走向新状态的原因。自然选择也表明，种群对其生存环境具有适应性。

综合进化论

1935—1975 年前后占主导地位的进化理论。该理论总体上以自然选择的中心机制为基础，将种群遗传学中的微进化和古生物学、比较解剖学中的宏进化相结合。

变异

指机体的一切变化，包括基因突变或者器官、行为表现出差异性。

父母到底有什么作用

为什么我想咬苹果

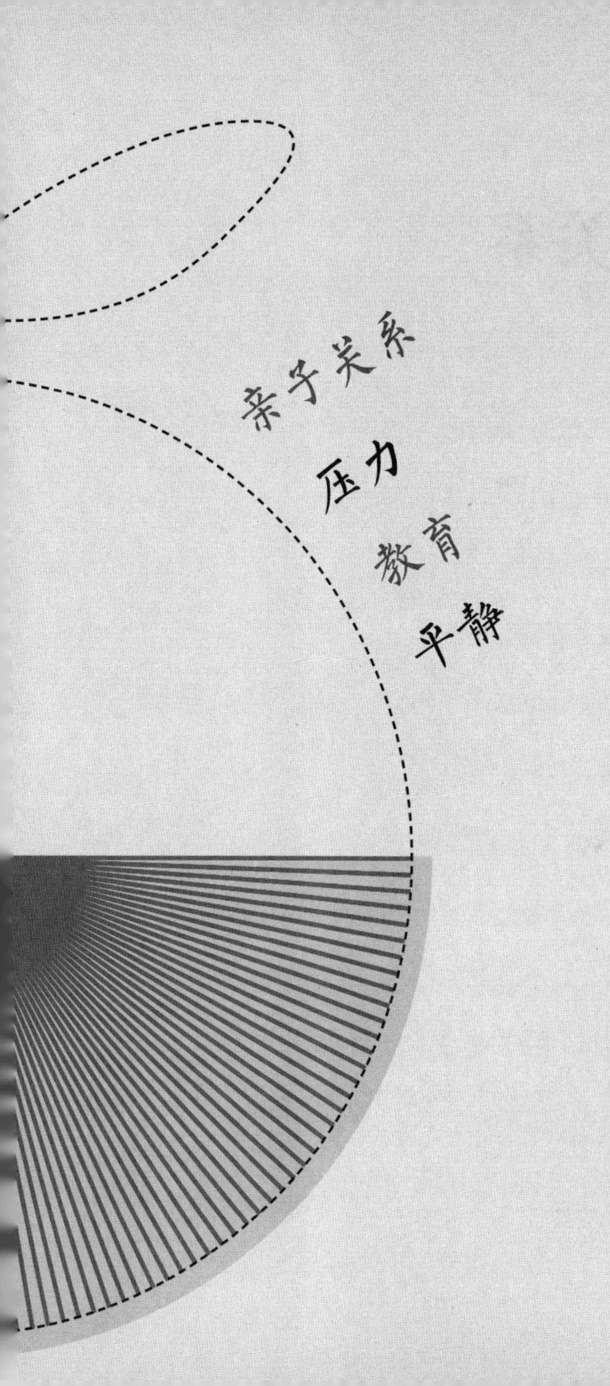
亲子关系
压力
教育
平静

家庭关系

父母有什么作用？答案似乎显而易见：他们把我们带到世界上，爱我们，倾尽自己或大或小的能力养育我们……除此之外呢？

当被问及父母时，我们给出的第一个答案总是关系着他们的养育方式和传递给我们的价值观。正因如此，我们才能脱口而出地说："我小时候，我爸爸特别严厉，什么事都得对他言听计从！"，"我做饭全是我妈妈教的！"但一涉及情感，事情往往复杂得多……

从生理学角度来说，大家都知道，在成年之前，我们要经历婴儿期、儿童期、青少年期。儿时所经历过的一些事情，会影响我们后来成为什么样的人。但是儿时的亲子关系在多大程度上影响了我们现在的生活呢？

我们都以为成年人主宰了自己的行为方式！然而，事实上，童年与父母相处的点点滴滴已深深扎根在我们内心，并会影响日后我们与子女、配偶、朋友、同事之间的关系，同时，也影响了我们在高压处境中会作何反应。

其实，我们经常会遇到多多少少让人紧张的时刻。面对焦虑、恐惧、悲伤，我们也不清楚究竟为何会有如此反应。甚至有时候，我们希望换种方式，但又不知如何才能做到。不论对于父母，还是孩子，在压力中的反应都能凸显亲子关系的质量。

因为孩子总惹我们生气，或是没按我们期望的那样去做，导致我们和孩子的关系不那么融洽，每每这时候，人们就愿意打着教育的旗号说事："看来我应该更严格""你太宠着他了……"我们总是最大限度地忽视孩子的情感需求。有时候过度关注他们的未来和教育，可能已经忘记了要日复一日慢慢去解决这个问题。

在我们心理咨询的案例中经常听闻："我走

哪儿我儿子都跟着我，他时时刻刻黏着我，我什么也干不了，到底如何才能让他自己单独玩儿呢？”“他总是大吵大闹，我真是受不了了，什么办法都试了，就是没有用。”“他的哭是想表达是还是不是？”“大家说我是个焦虑的母亲，如果我寻求帮助，那就说明我很无能。”

在我们对亲子关系感到无力应付和无能为力时，就渴望更深入地了解孩子的内心世界并且找到解决的办法。而依恋理论则正好为此提供了心理教育的依据。它能让我们重新审视人与人之间的关系，尤其是亲子关系。而且并不需要成为心理医生才能理解。它既提供了工具，又能让我们更客观地去实行，非常实用。

如果每个人都受童年经历、榜样或标准，以及目前生活环境的影响，那本书介绍的依恋研究则提出了一些建议，帮助我们转变对于亲子关系的看法。从广义上来讲，不论我们是否有孩子，不论我们多大年纪，这个研究都能引发我们对自己的过去，以及与家人、朋友、同事之间的关系进行思考。因为随着时间的推移，依恋经验会生成人际关系圈，它们会烙印在人的个性中，影响人们认识世界的方式、应对挑战的能力、融入社会的能力。依恋研究可以帮助我们在面对逆境时懂得如何去做，并且在必要时，为我们寻求新的行为方式提供一些启发，让我们在生活中感到更轻松自如。

苹果核

约翰·鲍尔比

依恋的特征

安全的港湾

安全型依恋/不安型依恋

依恋理论从何而来

第二次世界大战的大屠杀导致战后出现大量孤儿，这触发了民众的觉醒：孩子并不是一张白纸，一切都尚待书写，父母的丧失是无法弥补的，却也不能随意补偿。

以前，我们认为孩子是被动的个体，需要我们“栽培”，才能避免他们养成“恶习”。体罚不但被允许，甚至完全融入教育模式中，被推崇开来。根本无法想象孩子幼年能与父母建立亲密关系并感受情感。

战后，精神病医生与大量和母亲分离的儿童进行了交流。英国的精神病学研究在当时位居前沿，在精神分析领域取得了巨大成就：梅兰妮·克莱恩、安娜·弗洛伊德、唐纳德·温尼科特都是当时的代表人物。

英国精神病学家约翰·鲍尔比，也在这一行列中，但他同时也受到达尔文进化论，以及动物生态专家研究的影响。直到1922年，其中一位动物行为学家伊姆莱·赫尔曼通过研究发现，幼猴依附在母猴身上是一种本能需求，他提出这一理论，并于1943年发表。1958年，动物行为学家哈洛夫妇发表一系列成果，其中包含了幼猴与母猴的分离实验。他们的观察进一步证实了这种依附的本能需求（接触、陪伴、安全感），与哺育需求截然不同。

动物行为学旨在研究动物在自然环境中的行为。首先关注的就是动物，进而扩展到人类，以越来越全面和细致的方式来展示生物行为的多样性。

雷诺 · 史必兹，生于匈牙利的美国精神病学家，也曾描述过孩子长期与父母分离的后果：那些收容所里的孩子，没有父母的探望，最终会出现严重的精神紊乱。

约翰 · 鲍尔比对父母的缺席和丧失十分关注，并且描述了孩子与母亲分离时不同阶段的反应：

① 反抗阶段：过程激烈；

② 失望阶段：逐渐顺从，直至最终感到无能为力；

③ 冷漠阶段：孩子不再做出任何反应。

为了清楚展现上述不同的阶段，鲍尔比与一起共事的罗伯逊夫妇在1952年拍摄了一部影片，记录了儿童与父母的分离[①]。

基于动物行为学研究证实的前提以及生物学资料，鲍尔比把依恋系统与真正的“免疫系统”，即保护健康免受威胁、作用于众多人体功能区的系统进行了对比，随后推进了该理论的发展。其实，依恋系统很容易被应用到人体机

① 1952年，纪录片《两岁小孩去医院》，以“儿童的短暂分离”为主题。

能的其他方面，使更多人关注对其的应用，尤其被应用在如今关于家庭、学校、工作和社会的研究中。

依恋理论强调了帮助关系。对儿童来说，帮助关系是必不可少的，因为儿童在日常生活中依靠父母。对于成年人来说，与他人的关系是复杂的，尤其取决于一个人在过去如何生活以及在目前的环境中遇到了什么。帮助关系不再是最重要的，却从某种意义上决定了人际关系模式。

对小孩来说，帮助关系能在悲伤或惊恐的时刻支持亲子关系。懂得如何回应这些情况能让亲子关系更灵活、更和谐。

亲子关系并不是对称的：父母给孩子保护、鼓励、安慰，促使孩子进步和茁壮成长，正如我们借助苹果系列丛书让孩子成长。

依恋：生物和行为学体系

生物学和神经系统科学让我们了解了建立依恋的“情感免疫系统”是如何从出生几个月就开始对儿童产生影响的。

从遗传学角度来看，依恋构成了自主的动机系统，这是婴儿保护和生存的生物学基础，因为婴儿无法自我满足其需求。

为了得到父母的保护和陪伴，婴儿根据其需要和年龄展示出了各种各样的依恋行为：吮吸、握拳反应[①]、目光追随、低声叫、围着父母转、哭、喊、发音、牙牙学语、笑、叫“妈妈”。这些特定的行为是为了吸引作为依恋对象的父母的注意，使父母和自己更亲密，并且对表现出的依恋需求给予回应。

这些行为都是可观察到的和可系统化的。依据这些行为可以划分出不同的依恋类型，我们将在下一章提到。其主要的作用是回应威胁，

---

① 握拳反应，指新生儿手掌被触摸后立即握成拳。——译者注

这也是依恋理论真正的核心。

与父母之间不断的互动使婴儿学会更好地与父母及他人交流、疏导情感。这就构成了依恋系统，它作为神经元系统的基础，连接了神经元通路。

近二十年来，不论针对动物还是人类，大量的研究聚焦这些神经生物学观点。在动物研究领域，这些观点用以区分和划定动物的行为，找出对应的神经元通路，研究它们对社交关系的影响。在人类研究领域，人们把依恋视为特殊而复杂的神经学结构，包含了压力反应、向看护者寻求亲近、调节情绪、做出依恋行为。正是基于神经生物学、动物行为学和发展心理学的探索，才发展出依恋的神经系统科学。而恐惧作为依恋理论的核心，被广泛研究。

人们遇到威胁时的反应是瞬时的，大脑的反应会发生一个根本性改变，大脑无法思考，只能表现出逃跑、斗争或僵化。婴儿感到恐惧时，就激活了依恋系统，导致人体分泌压力荷尔蒙——氢化可的松。进而，刺激大脑中控制情绪和记忆力的区域，这些区域分泌出后叶催产素，使依恋和社会联系更顺利。

然而，婴儿总是在寻求帮助，需要在关系和情感上得到抚慰，不断向父母寻求陪伴和安全感，不断激活氢化可的松和后叶催产素。

安心和舒适地躺在父母怀中会让婴儿感觉很好，即处于“愉快模式”，这会让那些维持社交关系、奖赏和舒适的良性记忆循环在大脑中并得以加深。婴儿就会将这些互动统统封存在记忆里，我们将在下一章进行阐述。

就这样，日复一日，与依恋对象建立起依恋关系。一般从婴儿 6~7 个月时开始建立，并在 11~12 个月时形成稳定依恋。动物却不同，它们在出生后有一段关键时期来建立依恋关系，在此期间，生物学的印记使动物能识别母亲，并采取适应生存的行为（动物行为精神学家康纳德 · 洛伦兹[①]在关于鹅的研究中提到）。

依恋系统不论对儿童还是成年人来说，都促进了社会联系：它能习惯性减轻压力，对依恋对象而言更是如此。

在成年人身上，一项有趣的研究表明了此观点：实验选择了夫妻关系融洽的已婚妇女，让她们受到微弱的、不适的电流刺激，然后通过

---

① 奥地利动物学家、动物心理学家、鸟类学家，通过对刚出生的鹅进行实验观察，总结出印随行为。——译者注

测定她们体内氢化可的松含量来衡量她们的压力等级，同时，也观测她们大脑中的哪些区域比较活跃。第一次让她们单独在房间中接受刺激实验，压力等级直线上升。随后，再次进行相同的测试时，让陌生人拉住她们的手，此时压力等级下降，大脑的其他区域显示活跃。紧接着，让丈夫拉住她们的手进行实验，此次压力等级竟惊人地下降，大脑其他不一样的区域显示活跃，并和依恋体系的活跃区域一致。

因此，依恋系统在早期就能对精神与身体的医学平衡起到举足轻重的作用。

一生中的依恋

从一出生到临终，依恋使我们成为自己……或者，正如约翰·鲍尔比所描述的那样，“从摇篮到坟墓，依恋始终伴随我们”。

幼儿时期的依恋

在孕期的最后几周里，妈妈和孩子就通过行为偏好建立起了一种珍贵的联系。此后，孩子会形成自己的情感模式，这当然受很多不同因素的影响：遗传因素、性格、依恋关系、成长经历、周遭环境、生活中的偶然……

依恋行为被接触婴儿最频繁的成年人，也就是父母所主导。也正因为如此，依恋关系渐渐地建立起来。父母无条件照料婴儿，得到了心理满足，这种满足感能激励他们重视婴儿的需求，不断持续地付出。因此形成了一个真正的感恩圈。然而因为婴儿容易受到伤害，这种关系是不对等的。因此婴儿不能成为父母的依恋对象。

在6~9个月至3岁期间，婴儿真是实实在在的小天才！他们的各个方面都会快速成长：运动、认识、情感，以及从简单沟通到用他们自己的方式表达。为了获得安全感，婴儿总是主动掌控着与依恋对象的距离：他会主动靠近，当母亲离开他时，他就特意跟随。“天啊，他简直黏在我身上了！我一离开房间，他就跟着我，即使我告诉他我去哪儿都不行！”十八个月大的利昂的妈妈说。

要建立一个实在的安全圈：父母要给婴儿创造一个“安全基地”。安宁的基础可以让他探索环境：开启探索系统，去迎接挑战或危险，处理冲突。当他遇到困难，依恋对象能满足他们的需求，提供保护和安慰（我们称之为安全避风港）。

南希玛在离妈妈不远的沙箱里面安静地玩耍，其他孩子用铲子打了她一下，她哭着跑向妈妈。得到安慰后，她又回到沙箱里玩。不一会儿，她跌倒了，又跑过来找妈妈，妈妈又安慰了她，就这样一直反反复复了一下午。她围着妈妈来来回回的脚印都画出了星星的图案。

这种行为的衡量有利于婴儿的成长，并影响其一生。事实上，基于童年真实的经历，小朋友会产生疑问："我的依恋对象是否在我身边，在我需要的时候是否能够随叫随到"，对这个问题的认识让孩子逐渐在内心建立起自己的世界观。

如果答案是肯定的，他就会采取安全的策略去轻松地探索环境，和他人一起玩耍，与社会融为一体，能控制情绪，尤其是消极的情绪，有能力克服障碍并达成妥协。如果答案是否定的，他就会采取不安全的战略，以适应和求生为目的，反而削弱了好奇心、夸大或抑制情感的表达，难以融入社会。

婴儿可以根据父母回应的质量和可靠度对二人采取相同或不同的依恋策略。

父亲和母亲在整个依恋和照料上扮演不一样的角色。事实上，研究显示，父亲和婴儿的互动与母亲和婴儿的互动不同。母亲的表现往往更“圆”，她们倾向于吸引婴儿的注意力，在靠近他的时候确保他的安全，并时刻警惕他以最低的风险去探索事物。

乔纳森的妈妈扶着他学走路，“嘭！”他摔倒了，哭了几声。妈妈安慰他、鼓励他、走近他，他又走了一步，摇摇晃晃，一下就被妈妈扶住了。

她非常留心，她小心翼翼地守护着宝宝探索未知的区域。

父亲却表现得更“方”，他们往往是开启世界的捍卫者和激励者：他们鼓励、逗弄、动摇孩子，教会他们承受风险，但注意是可控的风险！父亲使游戏、探索、解决问题都更容易……

爸爸用力抱起爱蒙，好几次把他举过头顶，看着他和自己说话。爱蒙哈哈大笑，有些惊奇，还开心地等着再来一次。妈妈却有些担心：他刚吃完奶，怎么能经得起你这么玩？

一项有趣的行为学实验指出，父母与婴儿互动时表现出极大反差。我们拍摄下妈妈给婴儿换尿布的画面，并记录了婴儿蹬腿（腿部运动）的次数。同样也记录了爸爸操作时的数据。我们发现，在爸爸更换尿布时，蹬腿的次数激增。

随后我们拍摄了爸爸在妈妈监督下完成的情况，蹬腿的次数下降：妈妈起到了非常重要的调节作用。事实上，并非如此简单，我们发现，也有“圆”爸爸和“方”妈妈，而且每个家长都是时“圆”时“方”……

婴儿总是特定地黏着爸爸、妈妈、奶妈、托儿所的保育员、祖父母、叔叔阿姨，后来变成小学老师、中学老师、大学导师。这说明依恋是分等级的（父母是最重要的依恋对象）且是多样化的：婴儿大约平均会出现三种依恋。

和约翰·鲍尔比一起工作的加拿大心理学家玛丽·安斯沃斯，基于优秀的动物行为观察法，发明了“陌生情境测试”（1969 年），对 12~18 个月的儿童进行测试，从而划分了不同的依恋类型。测试统一安排八种情境，每次三分钟，让儿童与依恋对象（最常见的是妈妈）进行分离与重聚，有时也会出现陌生人，观察孩子面对分离与重聚时的不同反应。观察结果被拍摄下来并根据科学分析方法进行编号，全世界有很多团队修改和否定过该结果。

陌生情境测试展示了两种不同类型的依恋行为（见表1）。

表1 两种不同类型的依恋行为

类 型	行 为	策 略
安全型	独立； 容易探索环境； 能吸引他人注意力并表达自我需求。	均衡的依恋策略。
回避型不安	不能真正独立； 容易探索环境； 不是很注重安全感； 很少表达情感； 很少或不表达个人需求。	回避的依恋策略。

续表

类　型	行　为	策　略
矛盾型不安	不断提出要求； 需要感受到安全，却从不满意； 过度表达需求。	过度活跃的依恋策略。
混乱型依恋	行为混乱，变化无常； 不能缓解痛苦。	无法单纯定义其依恋策略。

安全型的孩子表现为当分离时他们会抗议，但在妈妈回来时会很开心地奔向妈妈。

不安型的孩子分为两类：

① 回避型不安的孩子：他们对妈妈的离开似乎漠不关心，回来时也不理睬。

② 矛盾型不安的孩子：在分离时他们大声吵闹表示抗议，并在重聚时寻求与母亲的接触，同时又表现出反抗。

后来，有些孩子难以被划分类别，我们把

他们归类为破裂型依恋（也就是我们后文将提及的混乱型依恋）。

大部分研究显示，在大众中，安全型依恋占百分之六十,百分之四十为不安型依恋。人们会根据当时所处的情况，例如惊慌、压力、威胁，以及自身的类型——安全型或不安全型，去激活依恋系统。

安全型或不安型的依恋策略会导致积极或消极的帮助关系，但不论如何，都会让人们形成自己对“世界的看法”（正如依恋理论专家鲍里斯 · 西瑞尼克所说）。这些策略加上与周围人相处的真实经历，构成了我们的人际交往模式。他们在惊慌时被激活，并形成一种自我模式和他人模式，以及一种值得被群体认识和喜爱的自我感受。但根据我们和依恋对象之间发生及不断重复的经历，依恋策略也会发生变化。依恋策略是稳定的心理机能，一部分有意识，一部分无意识。

当我们长大些呢

从婴儿的行为中可以看出，他们愿意接受在伙伴关系初期，就能在惊慌时刻满足他们依恋需求的人，以及能让他和依恋对象交流的人。他通过观察依恋对象通常做出的反应，并不断适应，逐渐学习调整依恋行为，这就形成了稳定的安全型或不安型的依恋行为。婴儿的需求也从对依恋对象本身过渡到对其可得性的需求。

安娜蕾在花园里安静地玩耍，妈妈正在她旁边修理一把坏了的椅子。妈妈最好的朋友打来电话，她们交谈甚欢，安娜蕾开始制造噪音，扔了玩具、做蠢事……“好啦，安娜蕾，我不能安静地打电话了，我都已经在你旁边了，你还想怎么样？”

快到上幼儿园的年纪时，孩子更独立，并开始探索周围，开始学说话。这是一个巨大的转折点！他能自我表达，也更能理解分离。他们不再经常需要父母陪在身边以求安心，而是会在头脑里记住父母，或者那些能让他们得到安慰的想法和画面。尽管如此，在重压下，他还是需要依恋对象给予的陪伴和安慰。这会让他感受到认可和理解。

这个年纪，也是懂得协商和爱发脾气的年纪，这就迫切需要父母的陪伴，却很难每天做到……从幼儿园后期一直到小学毕业，依恋行为不再仅仅与环境有关（惊慌/压力），同时也关系到与其他孩子在动态的认同（接纳系统）中建立社交关系。孩子有能力去思考自己、他人以及人际关系的维持。在这个年龄，他能处理冲突和矛盾，这些冲突和矛盾能很好反映出依恋的质量。孩子真正参与到这段关系中。正如在一个足球队中，每个人都有不同的位置，配合传球，要考虑到其他队员的位置才能完成共同的目标。

13 岁的托马斯想和爸爸一样骑摩托车。他把这个想法告诉父母，父母解释说这很危险，只有成年人才能骑。对此托马斯很郁闷。要想得到自己想要的摩托车该如何协商呢？经过几次激烈的讨论，托马斯和父母达成一致，他只能在监督下练习摩托车，学习安全守则和机械原理，在安全线内练习骑小摩托车。托马斯很开心，练得不亦乐乎。

安全型的孩子体会到自己值得他人的照顾和情感。他对自己和他人都能持有一种积极的态度，因此他也能面对自己的消极面，对自身及自己的极限有一个现实的认识。

不安型的孩子不确定自己是否值得被爱，对自己的认识过于自卑或自负，缺少信心。对他人持有消极态度（回避型不安）或积极态度（矛盾型不安），也很难控制自己的负面情绪（尤其是恐惧、悲伤、愤怒）。

依恋需求一旦被满足，儿童就能很好地理解和适应父母构建的教育环境，进而扩展到社会环境。他做好孩子的角色，父母做好照料者的角色，正如约翰·鲍尔比所言："越长大，越听话，越强大。"

关心孩子的依恋需求，不让他成为决定一切、随心所欲的小皇帝：合理化孩子的重要需求，促进孩子在家庭和社会中的成长。

在青春期呢

首先，青少年永远是矛盾的。既想要财务自主，又想要零用钱；既掌握真理，又怀疑一切……思考周遭的世界，又遭到成年人的不理解；对身体的变化既感到骄傲又觉得羞耻。亲子关系在两项重大事件上遭受了严峻的考验：探索和获得自主。这是个征服、冒险和选择的时期。总而言之，尽管青少年非常需要父母，却并不总是能容忍他们。

瓦伦汀想去伊万组织的晚会。她的父母不同意，因为他们并不认识这个男孩，更何况他还住得很远。瓦伦汀就是想去。她想请求朋友给她打掩护。那么，晚会结束后谁去接她呢？

依恋关系发生了变化，思考的过程也发生了改变：青少年开始思考他是谁，在他的成长过程中该如何自处？他分析关系，领会自我和他人，并给出自己的看法，这使得青少年在和他人的相处中变得越来越积极。虽然父母仍是最主要的依恋对象，但随着其他情感和两性关系的介入，父母的影响渐渐弱化。这对父母和青少年来讲都是痛苦的，还可能引起真正的忠诚冲突。

马修和班里同学一起去西班牙旅行。他早就跟父母打了预防针：“哦！我可能会给你打电话……好吧，我不确定有时间，毕竟我们要做的事挺多的……你要是想知道我怎么样，就给学校打电话吧！”在路上，校车爆胎了，马修和他的同学在高速边上苦等了好几个小时。他随即给妈妈发了个短消息，立刻得到了回复。好吧，这下放心了……

而和其他青少年相处，依恋反而变得对称了：青少年很重视朋友，而朋友们也很喜欢他。于是他变成了一个“照料者”，准备启动父母的功能。后来,他们发现了性与爱并存的伴侣关系。

关于儿童的成长，没有任何事是确定无疑的，一切都在变化中，特别是青春期。部分安全型的孩子仍保持不变，部分不安型的孩子反而能获得安全感。对青少年及其父母要给予更多的鼓励，而不要灰心。成长，并不是坏事！成为青少年的父母当然也不是！

当我们更年长些呢

依恋随着时间不断发展和增强。成年人发现青少年有其他的依恋对象，尤其是恋爱对象，或者要好的朋友。这就是为什么我们说成年人有多种“依恋类型”：依恋对象改变了，依恋自然也改变了。在有压力时，成年人会制造一个安全氛围，让自己周围布满安心的物品或者用习惯的方式来缓解，就像孩子的毛绒玩具一样的作用：比如洗完澡，盖好被子，坐在舒服的扶手椅上，喝一杯热巧克力，在大自然中散散步，看一部偶像剧（你一定有自己的惯例）。依恋类型影响夫妻的生活和状态，影响为人父母，对年迈父母的照顾，以及和亲友们之间的关系。对于安全型依恋者，自我和他人的状态都是积极的，能从中寻求帮助：“当我需要帮助时，会有人回应，而且我能找到解决方法。”

对于回避型不安者，自己更积极，对他人更消极（无法或很难从中寻求帮助）：“在生活中，人们应该一个人去应付困难。”

对于忧虑型不安者，自己消极，对他人积极（对求助永远不满意）：“我需要帮助，但没人听我的，那没有用，做得还不够。”

对于恐惧型不安者，对自己和他人都消极，恐惧占了上风，害怕寻求帮助：“如果我寻求帮助，那可能会更糟，甚至对我来说更危险，不论如何，我不需要有人聆听。”

即使我们曾经属于安全型依恋，也有可能在经历重大悲伤事件或者失去重要支撑时变为不安型。而当我们属于不安型时，也可能学着成为安全型，因为遇到那些善良和热情的人们，因为一段炙热的爱情，因为一份被器重的工作，因为一次心理治疗……尽管如此，研究依然表明，一个人在婴儿时期打下良好的经验基础十分重要，这个基础将成为他日后在困境中重新振作起来的力量源泉（这就是我们所说的“心理韧性”）。

当我们老去后呢

孩童时，我们会长大，成年后，我们只会老去。老年人的依恋会发生哪些变化呢？

我们的社会对于衰老的态度一般都比较消极：人们必然会老去，却不接受这个事实，于是不惜一切代价去保持活跃、主动、积极，我们开怀大笑、去旅行、去奔跑、交朋友、不停忙碌，不论做什么，都好像从未变老一样。然而，随着时光流逝，老人身边的朋友、亲人不断离开，他的注意力就集中在家人和每况愈下的身体健康上。由于生病变得依赖他人，也重新激活了他们儿时的依恋经历。能就此“重返童年”吗？

亲友的离世、身体衰弱，甚至是急症或慢性病，这些都使得老人通过各种方式不断加强他的安全氛围，例如不爱出门、对旧物和旧照片以及一切让他感到熟悉和安全的东西都很珍视、依赖子女，此时反而是孩子成为老人的依恋对象。角色转换，但生活仍在继续……

离开家住进养老院，需要专人来照顾，这些对老人形成一种威胁，进而引起恐惧，激活依恋系统，各种建议都会遭到拒绝和敌对，因此经常让周围的人感到束手无策。

“但是爸妈，说到底，你们俩自己住在这个

偏僻的小村庄里，不能一直就这么住下去。爸拄着拐棍行动不便，而你呢，妈，你开不了车了，村子又空空荡荡，没人能帮助你们，我们又住得远。定期有人来照顾你们，做做家务，买买东西挺好的。”长大后的孩子说。“没得商量！”爸妈齐声说，他们不顾孩子们的感受，拒绝接受这个情况。

所以花时间和父母交流很重要，聊聊那些给他们提的建议，让他们能面对分离，甚至死亡。作为依恋对象，我们要展示出亲切的、可接受的、令人舒适的态度，让父母放心，再去和他们协商这些事。当我们小时候和父母的依恋经历是美好的，并且他们儿时的依恋经历也是有益的，那么满足年老父母的依恋需求就更容易了。

老年人也会在需要支撑和安慰的时候向已故

的伴侣倾诉，或者向上帝这个亲切又令人舒适的依恋对象倾诉。他们需要倾诉、追忆，为了要弥补那些逝去的时间和人。年轻人说：“人老了，说话颠三倒四,靠编织回忆来自我安慰和活下去，最有经验的人都这么说。”失去伴侣，去另一个地方生活，正视依赖和越来越近的死亡——唤醒依恋经验和展示脆弱同样充满挑战。

R先生，丧偶，由于股骨颈骨折住院，他在地毯上滑倒，被送往急诊，随后转入外科，为了让他能自己“走路”，外科的医护人员都鼓励他。每天晚上，他都等着他女儿热内维埃夫来看他。他一整天都在念叨这事。当热内维埃夫一到，他满是皱纹的脸一下就显出光彩，并展露出灿烂的笑容：他一下振作了起来。女儿走后，他更容易入睡，总是看着热内维埃夫带来的照片，照片上是她妈妈罗赛特，生前和儿孙们一起在花园庆祝生日。每天和妻子聊上几句，他才能熬过这漫漫长夜，他相信妻子也一定在天上听着，但这件事，他从不对任何人讲，不然人们都会把他当成傻子……

更好地了解老年人的依恋需求有助于我们更好地对待他们，因为我们要明白，大量老年人在忍受孤独和不良的生活状况，在 2003 年法国热浪[1]的灾难中这个现状就被披露出来。所以，不要害怕，这次轮到我们成为年老父母的依恋对象了。

---

① 2003年热浪席卷全球，特别是欧洲，法国出现150年来未见的高温。——译者注

研究前景

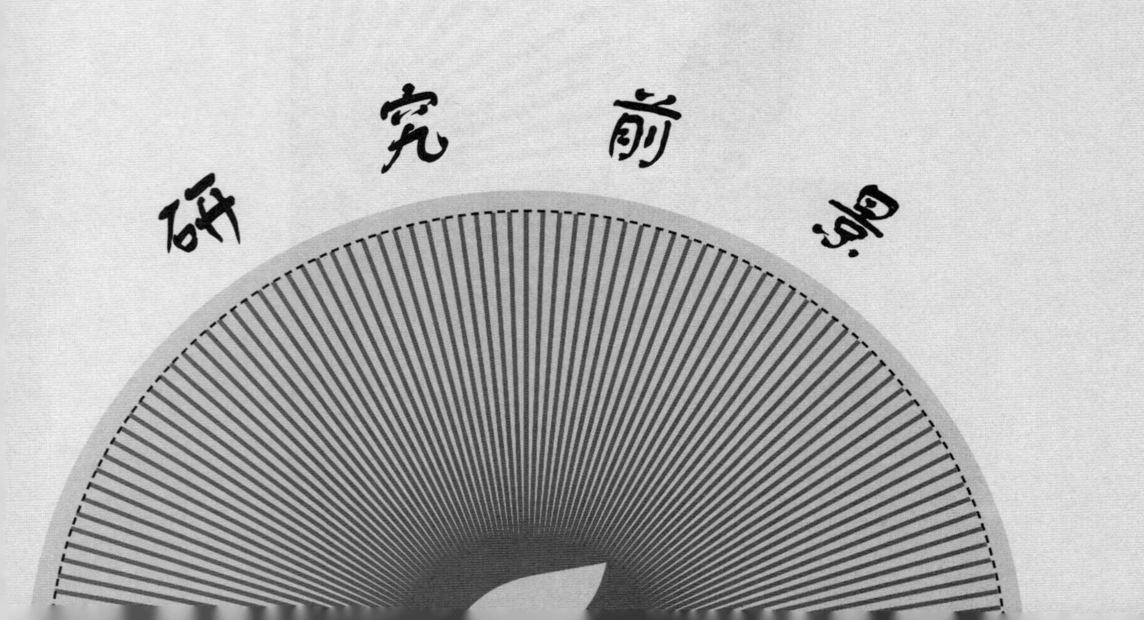

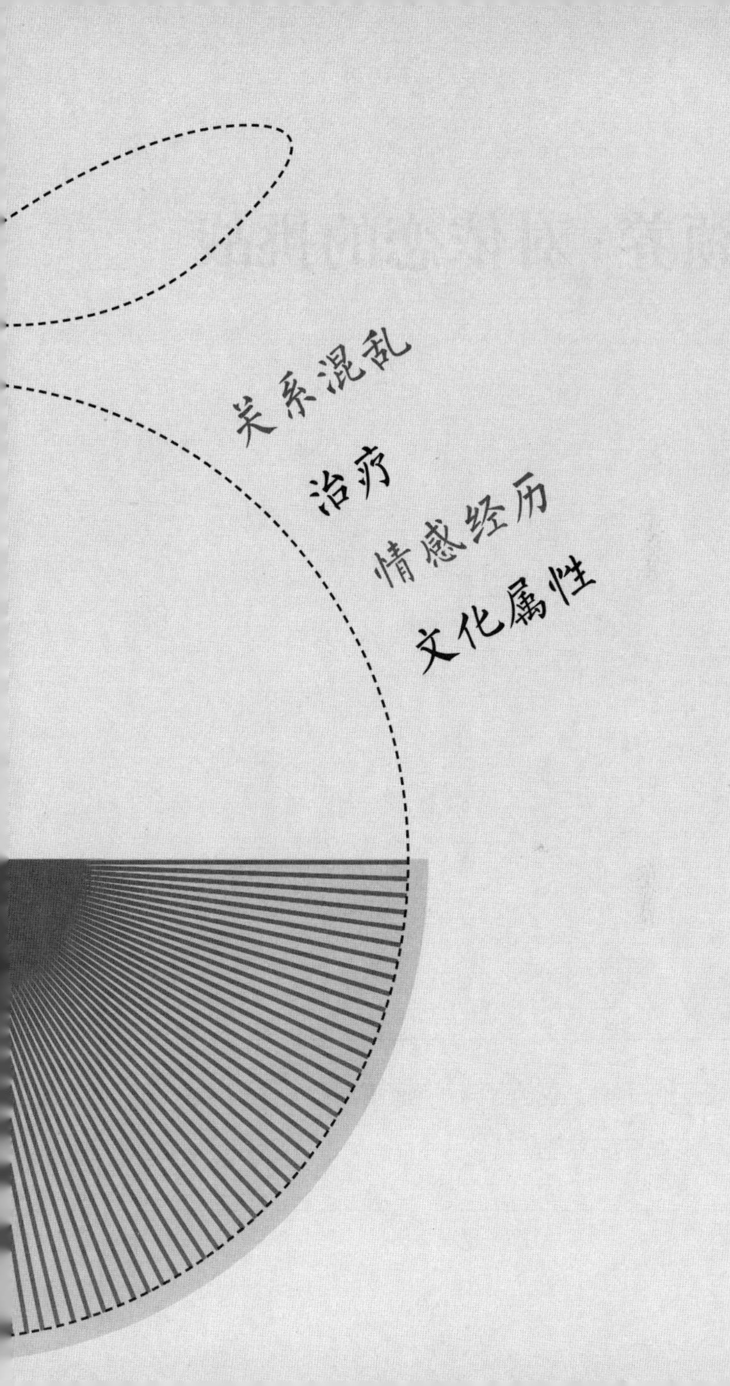
关系混乱
治疗
情感经历
文化属性

领养：对依恋的挑战

到底是什么影响了孩子与无血缘但“真心实意”的父母之间的关系呢？

领养，作为典型的依恋情况，受到众多英美国家学者的研究。

领养，不论对于孩子还是领养的父母来说，都是一场独特的奇遇。为了能领养成功，父母们实现了多少奇迹啊：需要下定决心、破除内心的芥蒂、不惧繁复的领养手续。他们要解释自己的需求、克服障碍、直面他人的眼光……而孩子，也因分离被打上了烙印。他来到一个并不熟悉的世界，这里充满他不了解的规则，一切都让他感到害怕。

父母都希望尽力而为，付出很多爱，但他们也担心，因此激活了依恋系统。根据他们自己以往的依恋经验，他们可能或多或少更容易要求和适应与孩子之间的关系。

孩子可能来自于一个或远或近的国家，也

许生活在孤儿院，或家中，或寄养家庭中。根据他们早期的依恋经历来看，孩子也许能更容易去适应养父母和他们的生活方式。

克雷芒斯的父母去孤儿院接她回家。这个小姑娘那么漂亮，又那么温柔可爱。父母为了培养她付出了很多，并时刻准备好倾听她。克雷芒斯变成了一个特别沉稳的小姑娘，虽然有时对父母有所保留，但是很沉着，鲜少提要求，这和他们的生活方式完全吻合：在日常生活中，一切靠自己，迅速独立成长起来，基本不需要帮助，这是相当好的生活方式。

约翰曾和很多孤儿一起生活在学校，很少有大人能随时照顾他们，所以他很瘦弱。到法国后，他经常生病。他的养父母非常担心他的生活。长大后，约翰虽然身体健康了，却不断地要求帮助和照料。他哭闹、焦躁，从来不满足。父母为他付出那么多努力，依然不能满足他无休止的要求，他们该多么心灰意冷啊！

研究显示，经历过悲痛分离的孩子，或是无法幸运地遇到善良的依恋对象的孩子，就会采取生存的策略。由于没有从最初的依恋对象那里获得足够的关怀，他会不断求助以确保获得满足。例如，总是哭个没完。这些生存策略不会仅仅因为遇到了爱心满满的父母就消失，而是会刻在他的人际关系圈中，就像唱片刻上了槽纹，进而在大人和孩子都无意识的情况下，影响孩子和养父母的依恋关系。如果在被领养前，他能遇到善良的依恋对象，就能帮助他更好地适应之后的生活。反之，可能会造成他依恋混乱，正如媒体报道中那些孤儿院的孩子一样。一旦他们被领养，就会出现不当行为：谁抱都可以、置身于危险中、焦躁、反抗……对他们来说，这些总在意料之外。

对于养父母和孩子，可能会出现一些对彼此来说都很奇怪的行为。这可能会造成很多沟通上的不畅。在爱之余，还需要时间（在领养前至少相处过两次）、耐心，以及学习对他们的痛苦做出合适的回应。关于领养的研究掀起了一轮新的阅读热，很多人读起了关于养父母与被领养孩子关系的读物：让人们更好地理解了领养关系的建立，以及如何让这种关系更简单。目前，研究十分重视对养父母及其子女的特殊支持和援助计划。

混乱型依恋

由于很多原因，亲子关系可能会逐渐恶化，无法良好地建立，因此将导致不理解和苦恼。

根据玛丽·安斯沃斯在陌生情境测试中得出的依恋类型来看，一些儿童无法被划分到安全型或是不安型。当进行分离和重聚的行为测试时，他们的行为表现并不明显，有时甚至很奇怪，我们也无法分析出依恋策略。这些孩子被分类为“依恋混乱”。

混乱型依恋的孩子或多或少都有些吵闹。

S先生和太太在家庭聚会上抱怨8岁女儿伊娃蛮横无理和吵闹的行为。伊娃跟他们顶嘴，做鬼脸，也不坐在座位上，还向他们挑衅。他们觉得很丢脸，他们并不是这么教育她的，伊娃不应该在外面举止如此，尤其还当着他们父母的面。S先生和太太很紧张，也对女儿的行为感到非常生气。而伊娃并不喜欢这样的聚会，聚会上太多人了，表兄弟们对她也不怎么友好。

她感到很孤单，希望父母能更多地关心她。

当亲子关系非常困难的时候，就会产生一种无力的感觉，人际关系圈就会僵化。消极互动会呈螺旋状不断上升加剧，无力感不断增强，最终发展成父母对孩子的敌对甚至虐待，孩子的行为也将失控。但是孩子无意破坏家庭生活，他只是尽力去适应这种他无法控制的情况。

不断求助却得不到回应，或者依恋对象几乎没有反应，长此以往，会出现孩子不再求助，也无法解决的情况：如何向一个不回应或让人恐惧的依恋对象求助？那个本该让我们安心和保护我们的人，却让我们害怕，这时又该怎么办？此时无法采取合适的策略。依恋系统也被严重干扰，无法在恐惧时起到保护的作用。孩子无法减轻痛苦，又不得不适应无法回应的依恋对象，这就造成了关系混乱。如果这种副作用一直持续，就容易引起心理疾病，例如抑郁症、焦虑、人格障碍。

在面对逆境的时候，安全型依恋会起到保护作用；不安型依恋会让关系更脆弱；混乱型依恋在面对压力事件时会构成危险因素。这些关系变化也许能解释那些专横儿童、小皇帝孩子和那些让父母操碎了心的孩子的行为。

每天晚上埃文一放学，就开始让人受不了：一进门，他就开始制造“危机”。父母没有办法，他们还要忙很多事：准备饭菜、检查作业、照顾狗狗……因为他们知道，不论怎么做，埃文都会让事情更糟糕，他们甚至都不愿意亲吻他了！事实上，他们的神经过于紧张，儿子的一点风吹草动都能让他们大喊大叫。埃文需要获得安心、鼓励或抚慰时，妈妈却对他大声喊叫、转身离开或者在角落里哭，她真是受不了了。而爸爸呢，他经常走出房间，坐在电脑前，或直接晚些下班回家。他们也一起讨论过这件事，“发生了什么，怎么会成了今天这个样子？”他们很爱儿子，但是又能做些什么呢？

埃文的父母经历过一段非常艰难的时期：父亲失业，他们在经济上遇到了巨大的困难，在这种家庭不和睦的情况下，祖母又意外去世了。他们没有什么朋友可投靠。他们绝对受到了艰难的考验，尽管如此，他们仍觉得埃文本可以为他们做些什么……

对于埃文来说，在父母消沉的这段时间里，整个世界都变了。他们虽然每天照顾他，但并没那么多时间，而且他们很难过，总是怨声载道，还经常对他发火，尤其是在他需要帮助的时候对他大喊大叫，这让他感到恐惧。

混乱型依恋可能和一代又一代传承下来的家族史有关，比如反复出现父母功能障碍（父母没时间、对孩子的需求不敏感、父母患病），甚至是虐待、脱离家庭环境、失去父亲或母亲、缺少依靠、儿童残疾……

对成年人来说，这种功能障碍结构严重影响了对恐惧的调节，进而可能影响人际关系，甚至导致心理上和生理上的疾病。依恋系统在恐惧时并未起到保护作用，在长期的压力下，会损害身心健康。研究指出了依恋混乱、压力和疾病之间复杂的关系，为儿童疾病能像成人疾病一样获得预防和治疗打开了局面。

帮助关系也同样让人恐惧。依恋的关系并

不是稳定和固定不变的，当所处情境与童年经历的艰难、可怕的事情相仿时，碎片化的依恋经验会突然无意识地再次浮现。

热罗姆，45岁，已婚，有两个孩子。他的母亲两年前去世了，这对全家来说是个巨大的打击。每次他试图追忆母亲时，他什么也感受不到，什么也想不起来，他的大脑一片混乱，甚至比平时更糊涂。其他家人都很悲痛，和他们相比，他觉得自己不合时宜。除了冰冷的目光，热罗姆对母亲的记忆很少。他曾尝试与家人说起这件事，但大家只是说："不会的，你想想。"只有他的妻子听他倾诉。6个月前，他父亲请他帮忙整理房子。他发现了一封情书，是一个年轻小伙子寄给他母亲的。信上的日期就在他出生的年代。他的大脑飞速运转：根据这封信，他回忆和母亲在一起的日子，提出很多疑问……她怎么想的？自己的出生是否在重要的日子断送了这段爱情？正因如此母亲才对他很冷淡，而对其他孩子很和蔼？他父亲呢，知道这件事吗？为什么从没有人发现有什么异样？类似的还有一大堆其他问题……从此，他终于能感受到失去母亲的巨大伤痛，并能为其哭泣，他不再觉得自己和其他家人相比不合时宜。他想和他们说说这件事，但这并不容易。他向妻子倾诉，妻子把他抱在怀中，只对他说："有我在。"

依恋混乱可以被诠释为态度、行为或语言的忽然转变，例如，恰当的言语交谈中突然讲粗话，或者在引起恐惧的情境下短暂采取不当态度。

克劳德和他的孩子们饶有兴趣地听伊夫讲述他假期在珠穆朗玛峰的徒步旅行。山林常客伊夫乐于讲述他的旅行，描述很多技术细节。当他正在讲他跌落的惊险时刻时，伊夫一不留神用了几个非常粗俗的词。克劳德客气地提醒他。伊夫惊讶地意识到这个经历让他回想起一次可怕的事故，在事故中，他没能帮助一位朋友，导致他严重残疾。

天文学教授V女士，在会上发表团队的最新发现。一位年轻的女士打断了她，并向她提问。但V女士对提问漠不关心，继续自己的发表，并没有回答提问。她没意识到这件事，但是这位提问的女士和她早夭的妹妹长得很像。

研究旨在让我们更好地理解孩子、家庭以及成年人的依恋混乱机制和结果。同时，也关注那些和混乱依恋相关的疾病，以及制定适合的帮助形式，无论是为了病前预防还是特殊治疗。

医疗新手段

依恋理论在法国开始发展。除了心理咨询，它还能被应用在更广泛的领域。

在对依恋患者的治疗过程中，治疗师成为病人的安全基地。他使患者有一种安全可靠、能得到回应、能共情的、温馨的关系体验。研究成果指出，在治疗过程中抓住时机很重要，尤其是在依恋系统被激活时，第一次和最后一次治疗，以及在每次治疗的开始阶段和结束阶段。

在治疗儿童时，治疗师会要求父母一起，进而区分他们和孩子的情绪，以及做出的反应。通过观察他们的互动，尤其是在警报时刻的互动，记录下每个人的依恋特点，治疗师给他们提出具体且合适的建议来改变现状。这项以关系为中心的研究，旨在区分每个人的角色（父亲、母亲、孩子），并且突出带孩子期间那些积极的时刻，达到提高每个人能力的目的。所以要采用积极的和有创造性的疗法，让每个家庭都愿意参与其中，让治疗师也能利用理论工具。目前，研究致力于对亲子关系进行早期干预，并更明确地指出治疗干预的方式。依恋疗法对成年人也同样有效：建立安全基地、积极的关系体验、活跃及熟悉的伙伴关系，一起确定治疗的目标和安排。治疗师在治疗过程中要特别专注，尤其是在第一次会面、会面结束以及容易勾起旧创伤的时刻，这利于激活或抑制依恋系统。在治疗期间，抓住每一个机会，建立开放的关系，进行积极的交流。

当我们面对一个成年患者时，也是面对他内心深处那个受伤的孩子。对治疗师来说，为了避免沟通不畅，将这个观点与自己对关系的理解融合起来是很重要的。

据 R 先生讲述，他在工作中和同事相处不融洽，他们总是嘲笑他。他觉得这是他的错，因为他没有任何兴趣爱好。其实也算正常吧。他所有的，终究只是他应得的。治疗师问他："遇到困难时，会向谁求助？""无人可求。"R先生说。"一个人都没有？"治疗师问。R先生说："在生活中，大家独自应付困难。"治疗师说："可有时候这很难。"R先生却说他已经习惯了，在他家里也是如此。在家中，大家不谈论问题，因为并没有用。治疗师追问："所以，如今和同事们相处困难，有和家人提过吗？"R先生有些吃惊地答道："提过。""我们一起来寻求解决方案，如何？"治疗师问道。R先生仍然很惊讶，"好，我们来寻求解决方案。"

在这个过程中，治疗师首先要接受患者的情感生活和外部现实的重压，承认其表达的痛苦，并尽可能去缓解痛苦。对于患者，思考是什么造成了痛苦，并接纳它，学会从中释怀：感受到、意识到，并去思考，把自己的想法和他人的想法融合在一起，开始探索新的思考方式。

D女士总是帮助重病的丈夫。她很少意识到自己的奉献。来就诊时，她忍不住了，倾吐她的痛苦，言辞中满是焦虑，毫无条理，语无伦次。得有人拉住她的手扶她，她才能走出诊室。经过几次会面，她才在营造出的安全氛围中慢慢平静下来。一天，在气氛平静的治疗中，她意识到自己没有童年：她从不玩耍，一直照顾生病的母亲，后来成年之后，负责照顾父亲，再然后是丈夫，同时还要养育孩子。她的依恋需求从未得到重视。她意识到这件事，并回顾了她的成长史，以及对他人的承诺。

依恋治疗是非常实用的。目前研究面向成年人的心理问题，提出结构严密的、有效的、有针对性的治疗。

是否会随文化而发生改变

我们的依恋类型是否会随着我们生活的地点及文化的演变而发生变化？如果是，那对于移民、难民和移居者又有什么影响呢？

对依恋最早的观察（陌生情境测试）是在乌干达进行的。研究发现，不同的依恋类型占人口比例在世界各地发生变化。依恋行为也会根据我们住在何处和来自哪个国家产生差异。最新研究显示，这些变化或多或少与社会的个人主义构成有关，也与在惊恐时刻所期待的行为有关。

在地球村里，到处都能吃到汉堡包和寿司，依恋行为也与文化归属紧密相关。这些行为可能会因特定的文化关联有自己的表现形式，却容易加深他人的误解。其他研究正致力于总结出不同依恋行为的差异，以便更好地区分、理解、并以平衡的方式应对他们。

移民要面对与家庭、祖国、习俗的分离。他们通常是为了逃离非常紧张的生活，或者说是逃离内心的创伤。这些都反射出依恋经历：有压力、缺少依恋对象和安全基地、没有机会去适应。这种巨大的压力会加大融合的难度。

研究明确选取众多不同文化背景的人和移民，指出文化归属对依恋关系的影响，并将其放在关系严峻的框架下考虑，这提醒我们，在全球化的时代，我们的社会性处处体现着文化属性。

置身其中，如何应对

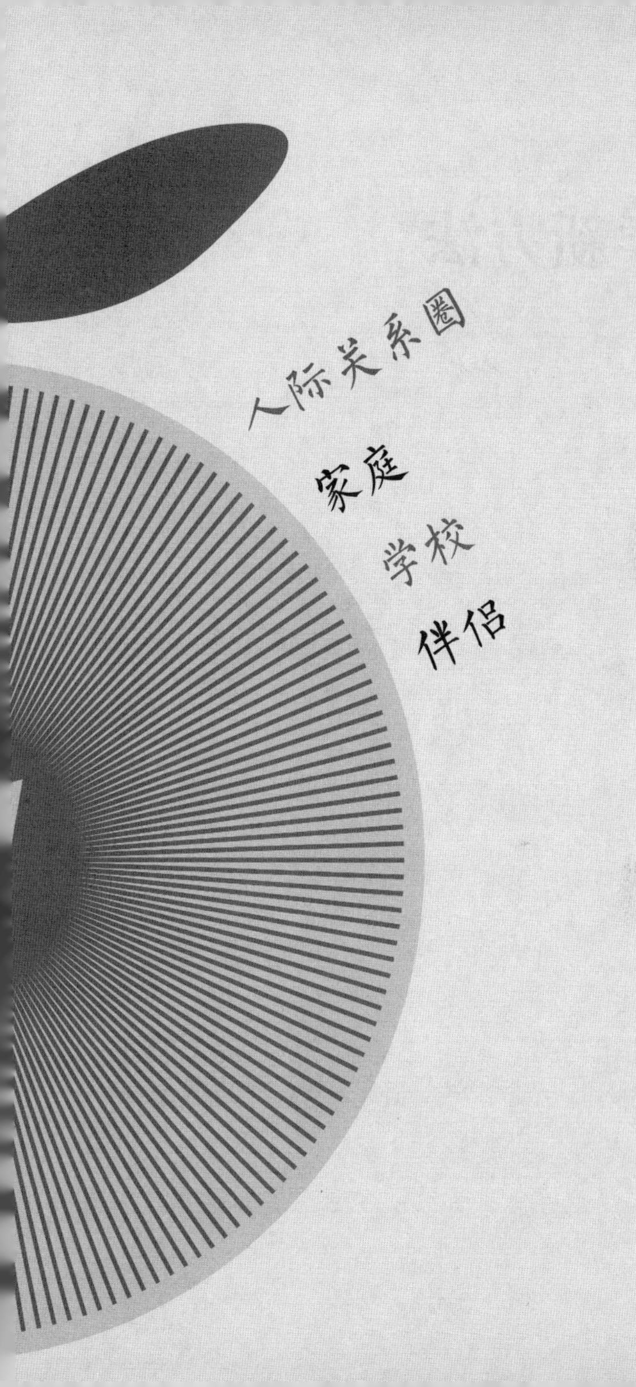

人际关系圈

家庭

学校

伴侣

教学新方法

在学校里，无论是学生，还是老师，依恋系统都会被激活……

研究表明，在学校里，人们的依恋类型普遍与在校的表现存在关联。

对于孩子来说，上学意味着与家长分离，因而会激活依恋系统。在安心的情况下，孩子探索新环境是可能实现的，但分离会引发抗议，甚至绝望的行为，而这只要拍摄一下幼儿园开学的景象就能一目了然！孩子在学校里会学到很多东西：课堂上，学习的对象可以是老师，也可以是其他孩子、教工；学习的场所有食堂，还有课间活动场地，那里堪称社会实验室。

通常意义上来讲，安全型依恋的孩子能更轻松地适应学校生活。他面对学习的态度是积极的，会表现出好奇、有动力，课堂上参与度高，对老师提出的要求和学校的规则适应起来也更容易。而不安型依恋的孩子，他的行为就没那么顺从了，可能看上去好奇心也没那么强，不过，当这样的孩子遇到困难时（比如缺少老师或更换老师、有捣蛋的学生），那些适应策略则会显得很有效用。

格雷古瓦是一个缺乏自信的孩子。课间活动时，伊奈丝想看看他玩的什么牌，她把牌拿走，忘了还回去。格雷古瓦呢，既没胆量找人家要回来，又不敢去告诉老师。上课了，他一直想着这件事，无法集中注意力，原本会做的练习题也做错了。

孩子上学的时候，会把集体当作安全基地，并以此作为社交支持，学习建立自我安全感。把集体当成安全基地和整体依恋对象，这个研究方向很有趣，而且也很有前景。

继续来观察格雷古瓦：在这一年中，他找到了自己在班级中的位置。同学们知道他很内向，但是人很好，所以都鼓励他，和他一起玩。老师也很关心他，发现只要稍加鼓励，他就变得更加积极。

随着孩子逐渐长大，他会找到更多安全感来源（比如说在自己脑海中，从伙伴那里，或者是让他安心的老师……），但是，在感受到压力的情况下，他仍会激活依恋系统，表现出气愤、哭泣、焦躁不安。青少年会从集体，或是与老师的关系中寻找安全基地。

对于教师来说，与学生的关系是提供关怀（教师是依恋对象）与接受照顾（孩子）的关系。这种关系与双方的依恋经历联系紧密，有利于教师找到帮助孩子探索和学习的方法。研究表明，安全型教师可以轻松应对孩子的依赖。忧虑不安型教师也可以在日常中和同学们相处得很好，前提是感觉自己被孩子们所接受（认可需求）。和孩子相处出现问题的时候，他们也会激活依恋系统（担心被抛弃、发火），从而可能变得更加严厉。回避型教师面对亲近关系时会觉得不自在，也很难识别出孩子的依恋需求。和情感相比，他们更关注学习成绩。另外，研究同时表明，教师也需要安全基地，在得到同事或上级支持的情况下，无论是哪种依恋类型，教师都能更轻松地应对教学挑战。也就是说，教师同样需要支持与鼓励。

协调家庭内部关系

在今天，做家长可是个挑战！家长这个问题，我们日常都会和家人说起，也会在学校里以及和周围的人聊起，互换建议时会提到，分享开心和沮丧时也会说起，甚至杂志里也写满了做好父母的秘诀。

从依恋的角度来看，做家长，就是给孩子提供无条件的照顾和保护。为此，家长会激活照顾系统（给予照顾），平衡他们自身的依恋系统。所以说，为了能照顾孩子，首先要自己有安全感，因为如果启动了依恋系统，就无法激活照顾系统。

照顾系统的宗旨是保护孩子，减轻他的压力，帮助他成长。为了达到这个目标，有一点很重要，那就是对孩子的需求保持敏感，及时发现需求，进而采取最合适的方式回应。这个过程中，保持亲子关系和谐，就像演奏乐器一样：同样的调子、同样的速度、一致的手势……

于里斯的爸爸给他 6 个月大的孩子洗完澡，正在擦干身体。宝宝大声哭喊，一阵阵地不停乱动。爸爸轻轻地抱起孩子，慢慢地抚摸着他，平静而轻柔地说道："是啊，于里斯，从水里出来不舒服了！等等，你看，我先给你擦干，然后就穿上暖暖的睡衣。"于里斯专注地看着爸爸，声调也发生了变化，和爸爸在一个调子上，动作也更柔和了一些。

敏感性、回应的质量、父母的支持，这三点都取决于父母认为孩子是什么，特别是自己的孩子是什么，以及他适合什么样的照顾。

娜艾米 8 岁了，她的妈妈向朋友抱怨女儿总是因为芝麻大的事情"赌气"。听到这话，娜艾米生气地看了妈妈一眼，说："妈妈，别说我赌气了！我才没有赌气呢！"然后就把头埋在胳膊肘里，啜泣起来。妈妈于是大笑起来，靠近她用爽朗的语气说道："我的小可怜！现在你不就在赌气吗？"听到这话，娜艾米抱紧自己，崩溃大哭。妈妈的朋友注意到，实际上小姑娘当时并不是赌气，而是被妈妈的话伤到了，于是说“你要是不笑，会好一点……”妈妈这才意识到自己和女儿态度上的差别，立刻收住笑，把女儿揽进怀里，孩子这才终于渐渐平复下来。

当父母不论作为夫妻还是家长都能良好相处时，家长会更好做（丈夫和妻子、孩子父亲和孩子母亲，角色虽然不同但都是这两个人），因为这样一来，父母可以从他们自身和对方身上获得安全感。另外，如果生活环境能不过多地被引发恐惧、愤怒、悲伤等反应的烦心事打扰，做起家长来也会更得心应手。

与情绪何干

依恋的功能之一，是学习调节情绪，这可不是件容易的事。情绪这两个字，可真是剪不断，理还乱。尽管如此，情绪仍属于人际关系的重要组成部分，交流起来既快速又简单，尤其在群体（包括大集体）里面体现得更明显。情绪是由肢体传达出来的，肢体有自己的语言。你们知道吗，我们通过肢体所进行的交流，远比想象中要多。当您的孩子无精打采的时候，您会注意到这点，并且努力弄明白是怎么回事；当您的爱人冲进门的时候，不用等他（她）开口，您就能够知道对方情绪如何。肢体传达情绪，情绪又像罗盘一样指引我们，如何与他人共感，尤其是亲近的人。学习克服恐惧、愤怒和悲伤，是依恋的功能之一。

森林里，伊力昂和哥哥正跟父母一起散步。他安安静静地捡拾着松果和小石子，这时，哥哥弯下腰去捡一根大木棍。这让他羡慕极了，借机在哥哥屁股上轻打了一下，结果哥哥突然起身，扑过来揍他。伊力昂被打疼了，边哭边赶紧去找正在拍照的爸爸："爸爸，哥哥打我！呜呜呜……"爸爸继续拍照，没有理他。伊力昂哭得越来越厉害，妈妈大声喊道："行了！别恶人先告状了！还不是因为你自找的？你就不应该找茬！"

伊力昂确实烦到了哥哥，但他被打疼了，找爸爸是为了寻求安慰。当务之急是满足他的依恋需求。

另一则案例中，据妈妈说，康士坦茨常常

“生气”：不给她买玩具时会吵闹（沮丧），摔倒时会吵闹（疼痛），遇到邻居家乖乖的大狗时会吵闹（害怕），遇到不喜欢吃的东西时还会吵闹（讨厌）……虽然都是吵闹，但情境不同，需要的自然也各不相同。

生气、害怕、伤心，这些情绪经常会出现，变成矛盾之源或是父母与孩子间不和的源头。辨认出这些报警情况（恐惧、焦虑、悲伤、愤怒），有助于家长在动态安全循环中对孩子的依恋需求做出回应：面对悲伤给予安慰；面对恐惧使之安心；面对愤怒能够平息。这绝对是最重要的！因为如此一来，孩子感受到平和，家长能为帮助到孩子而感到满足，亲子关系只会越来越好。

那么，如何管理孩子的愤怒情绪呢？首先，

需要足够冷静、有自制力的态度。这可没那么容易做到！如果孩子的愤怒惹得您也生气了，那么在保证孩子没有任何危险的情况下，您可以和孩子保持一点距离，做做深呼吸。提醒自己是个成年人，只有自己先展示出管理愤怒的能力，才能把它教给孩子。您是孩子的依恋对象，既给予他照顾，又要做他情绪的调控者。同时也要考虑孩子的年龄：孩子在 2 岁、6 岁、12 岁时，家长管理其愤怒的方式是不同的。要充分考虑当时的情境：孩子是经常生气，还是第一次生气；和孩子独处，是在家里，抑或是在超市里……另外，您还可以向伴侣寻求帮助。总之，平静下来之后，再进行互动。

迪戈正骑着自行车冲下坡，爸爸朝他喊道："慢点儿！当心摔倒！"迪戈果然摔了，伤到膝盖哭了起来。爸爸赶忙跑来，抱起儿子，问他要不要紧。迪戈平静下来，得到照顾后，这时爸爸才再次提起：“骑飞车确实很吸引人，但是你看，你受伤了，那下次要更加小心，好吗？能做到吗？”

因为害怕和受伤，迪戈激活了依恋系统。爸爸需要先回应依恋需求：让他安心下来，安慰和照顾。一旦需求满足了，亲子气氛便有利于调节情绪和学习谨慎行事，他就能重视爸爸说的话。而孩子的父亲，会觉得对儿子的成长提供了助力，进而产生愉快、积极的效果。

阿德莱德今年 11 岁，最近，她总是闷闷不乐的，封闭自己，不愿意和父母说话。父母感觉很无助，女儿有时还让他们恼火。尝试了各种方法，可是始终被拒于千里之外。可是，如果仔细观察阿德莱德，我们会发现，常常运动、平时站得笔直的她，现在竟然有一点驼背，也没那么爱打扮了，吃饭没有滋味，和朋友通电话也少了。这显然是产生了一些变化，绝不仅仅是赌气这么简单。父母很了解她，发现了她的变化，决定和她推心置腹地好好聊聊。阿德莱德终于如释重负，没错，她的确不太开心：她和最好的朋友珍妮弗闹翻了，不知该怎么跟她重塑友谊,感觉非常伤心。和父母好好聊过天，哭过了，得到了安慰，晚饭还吃了好吃的比萨，阿德莱德决定要和珍妮弗聊聊。至于结果怎么样，顺其自然吧！

在日常家庭生活中呢

日复一日的生活被父母教给孩子的众多规

矩赋予了节奏：晨间如何安排，饭前要洗手，晚上睡觉的时间，等等。孩子经常会抗拒规矩，这样事情就可能糟糕起来。孩子会表现出愤怒的行为，会喊、会哭。如果孩子无法承受失望（比如不给买玩具，或者吃不到喜欢的东西），他就会处于威胁情境中。这时，父母应该温柔而坚定地遵守既定教育原则。在各种事件之中，上床睡觉是一个特别的时刻，因为对于孩子来说，睡觉意味着和爸爸妈妈分开，需要独自一个人在马上就漆黑一片的房间里乖乖待着。孩子的压力会很大。所以，为了让孩子安心，就会需要毛绒玩具（没有年龄限制）、爱抚、亲吻、读故事、唱歌……和孩子认真度过睡前时光，再说“明天见！”，这预示第二天会愉快相见。

还有一件事需要注意：兄弟姐妹多多少少

会在一起玩耍，多多少少都会拌嘴，他们互相喜欢又互相讨厌。怎样才能让他们更好相处呢？

“我真是搞不懂，但我们从小平等对待他们，谁也不缺什么，”玛丽（8 岁）和贾斯汀（10 岁）的爸爸说，“玛丽总觉得我们给姐姐的更多，可贾斯汀却总是觉得我们偏向玛丽。”

实际上，两个孩子的养法绝不可能一模一样：孩子们出现在父母生命中的不同时期，在兄弟姊妹中角色也不相同，各有各的经历，性格当然也不尽相同。

避免两个孩子间嫉妒与不和的扩大已成为父母的一项日常任务。承认每个人的位置不同，由于年龄、天赋的原因，每个孩子的需求和能力也不同，有助于缓和紧张的气氛。

一个家庭就好比一条船上的全体成员：有

等级高的船长，也有等级低的水手。每个人都有自己的位置和独到之处，同时也需要重视他人的作用。如果团队里的每个人都各司其职，这艘船便可以行得稳、行得远。家庭中也是如此：上面有两位家长，满足孩子的需求，中间有一条松散的边界，下面就是孩子。无论是否互为配偶，两位家长都组成了一支“家长团队”。每个人家庭结构中的位置明确了，父母和孩子的角色也就合理了。管理日常生活、处理矛盾冲突、同甘怡共困苦、助人也受助，与家人以外的其他人一起经受考验。随着家庭故事的发展，上述一切行为都会形成家庭内部的关联。整个家庭会成为一个安全基地，每个成员都可以从此出发去探索，也可以回归此处汲取能量。

日常生活中的成人依恋

安全 / 不安型的成年人是如何处理与他人的关系？他们如何对待婚恋关系？如何理解亲子关系以及衰老……

现阶段研究虽然无法全面揭示成人依恋心理的发展过程，但可以知道的是，一个人从出生起所积累的依恋经历会逐渐塑造出他的依恋类型，并展现在其个性中。幼年时期的依恋会起到持续作用，并且会影响对伴侣的选择。

安全型依恋的成年人经历的帮助关系是积极的。他们是在有安全感、舒适的亲子关系中成长起来的，这样一来，他们能以最小的风险去探索外部世界。即使不好受，他们也能够接受失败、承认错误。他们会以最优方式去控制压力，轻松照顾好自己，保持良好的个人卫生、生病时愿意被照料、能接受自己的脆弱。他们会维护好人际关系，并以之为支撑。他们既能全身心投入工作，但同时也会过好个人生活。

回避型依恋的成年人则会为了成就和融入

社会而避谈情感经历。如果太亲近他们，他们会觉得不自在，与分享感情相比，他们更愿意与他人一同参与有趣的活动。他们总是低估压力的影响，生病时也不愿意去医院，总是说："没事，不严重。""会好的。""没必要太关心健康。"他们也不倾向团队工作，他们会表现得比较内向，很容易泄气，总是害怕达不到要求。但他们的强项是：懂得独立完成工作，并有着清晰而可达到成功的目标。

不安型的成年人非常需要支持和安全感，和他们在一起从来不会无聊。他们可能会表现出热情洋溢的社会性，但时而阳光明媚，时而乌云密布，和他们在一起就像坐过山车。如果他们感受到压力，就会不断寻求帮助；如果他们生病，就会极度恐惧，无论怎么问诊都不安心，更会频繁地更换医生。在工作中，他们总是害怕自己不讨人喜欢或做不好。但他们的优势是：如果在一个有安全感的团队里得到了肯定，他们就能够充分发挥自己的能力。

伴侣

安全型依恋者会为伴侣建立一个安乐窝，为彼此提供永久且暖心的支持，就算遇到冲突，也会协商解决。

而对于不安型依恋者来说，伴侣生活则是实实在在的挑战：

① 回避型人群。当伴侣需要支持和陪伴时，他们很难做出回应。任何此类的要求都让他们恼火，还会招致批评：“你总是想要更多。”“你自己完全可以应付啊。”“别夸大其词了。”……

对方可不太喜欢这样！

② 焦虑型人群。对他们来说最要紧的，是持续的安全感，紧密甚至紧张的关系，强调专属其一人的关注："我需要你。""对于我，你从来都没有空。""我要怎么做，你才会关心我？""你从来都不好好听我讲话。"

所以，当回避型遇到焦虑型的时候，一个不停疏远，一个不停靠近……

那安全型遇到不安型会怎么样呢？安全型适应起来会更容易，还能促使伴侣也变得更安心，但同时，也有可能受伴侣的模式影响，反而变得有点不安。

如果涉及分手，伴侣双方都会激活各自的依恋经历，都必须面对失去、放弃依恋对象。安全型的人会采用更温和的协商策略。不安型的则比较生硬，可能会引发冲突性的离婚风暴。分手的盛怒和伤心不断加剧，双方会滋生出指责、抱怨、要求赔偿等等，这一切都会伤害到孩子。父母已陷入痛苦的深渊，根本无暇顾及孩子的需求，殊不知，此时孩子的需求恰恰是最强烈的。孩子们最怕的是什么？是失去依恋对象。父母分开时，他们尤其需要安抚和安慰。意识到这份痛苦，向亲朋好友寻求支持——这才是无能为力的家长所应该采取的明智态度。如果这么做仍不能改善，为什么不向专业人士寻求帮助呢？

当我们成为父母

安全型成年人做了家长以后，会采取“严格而热情”的家长模式。他们提供在稳定又灵活的教育大框架下，还能和孩子一起愉快玩耍。

不安型家长则会采取“条件式”的家长模式：

① 回避不安型家长：“如果你不以它作为借口，我就会满足你的依恋需求。重要的是你要独立，表现要好！”

② 忧虑不安型家长：“我也需要安全感，需要被认可，如果你能关心我的需求，我也会满足你的依恋需求。”

想要进步，先要适应，如果上述条件得到了满足，那就会朝好的方向发展。

衰老与目睹衰老

父母老去时，我们可以看到依恋循环颠倒过来：年迈的父母变得脆弱，长大成人的孩子来照顾他们。如果早先的依恋经历是积极的、令人满足的，那么回报父母就更加容易。安全型子女能够直面、适应父母的需求；回避不安型子女会惧怕与依赖、依恋需求有关的事情；焦虑型子女面对父母的需求，可能会表现出无能为力。另外，当我们在帮助关系中感到合情合理时，考虑到过好自己的生活、做好自己工作的同时，我们能给予父母什么，也就容易多了。

衰老意味着经历失去、死亡、衰弱……能够向所爱之人或是专业人士寻求帮助，并接受帮助，也认为值得去这么做——如果能做到这些，事情就会简单很多，也会感到安逸和满足。

H 先生与妻子住在一间公寓里。因为一次脑血管疾病并发症导致了严重的残疾，H 先生每天都需要护士和康复师的照顾。他一直是个果敢、开朗的人，已经与妻子度过了五十多年和和美美的生活。在妻子的帮助下，他的身体每一天都在恢复，状态越来越好。他和医护人员相处得很好，从他们那里获得了有效的帮助。

对于焦虑不安型的人来说，在这段极其脆弱的日子里，他们总有无尽的需求，永远不满足，而且对任何形式的帮助都会大加批评。

每次保姆薇薇安来家里，S 夫人都会嘟嘟囔囔向周围人抱怨一通：薇薇安家务做得不好、打扫只求快、不关心她等等。可是，S 夫人每天起床就盼着薇薇安来，没到之前都是数着钟点过，她太需要陪伴了，感觉太孤独了……薇薇安来了，S 夫人也精神了，她们会闲聊、偶尔看看影集，薇薇安会鼓励她打扮、好好吃饭、叮嘱她别忘记吃药。尽管如此，在 S 夫人的世界里，仍然一切都不如意。

对于回避不安型的人来说，衰老也许能让人慢慢平静下来：经历多次葬礼，自己身体不适、生病，甚至要依赖他人，当日子变得艰难，回避情感经历的做法可能令他们更容易适应和感到舒服。

G先生岁数不小，一直单身，对此他也一直安然处之。但随着年龄增加，他的糖尿病越来越严重，现在走路都很困难。护士杰拉尔蒂娜每天都来照顾他。这段经历对他来说可真是太有趣了！实际上，他的注意力都放在护理上面，从来不抱怨。自己能做的事情，他仍坚持自己做。他不会和杰拉尔蒂娜提自己的过往，或是对她的感觉，但很乐意和她聊聊天气如何，电视上有什么新闻，夸赞她工作做得很好等。

归根结底，父母到底有什么作用

我们需要从依恋理论中学到什么，才能在陪伴孩子成长的同时，自己也实现成长？

依恋理论把我们的动物属性和生存能力联系在一起，它基于对我们在悲伤、受威胁的情况下表现出的行为的观察得出，从出生之日起，它就指导着我们的人际关系策略。安全型和不安型依恋策略并不是交际疾病，而是面对威胁和高压事件时或多或少所采取的保护措施。正因如此，我们才得以在所处环境中尽可能好地发展，赋予我们更有意义的经历，同时也关心亲友的经历。

依恋经历会帮助我们在人生中找到意义：后退一步、自省、思考自己和他人的关系、考虑实际、建设性地反思自己、改正错误、拓宽思维、关心自己和他人、换位思考、平复痛苦。这一切都令我们不断成长，不论是安全型或是不安型的人，都会发掘自身潜能和求教他人，会拥有积极而现实的动态人际关系。其实，抛开巨大压力的情况不谈，不安型的人也能够适应生活，并大有作为。

照顾自己、生活舒适、身体健康，这些都与依恋关系密不可分。意识到这点，并把这些纳入到心理机能中，就会促使我们成为有责任心、敏感和沉着的成年人。在人生中的每个阶段（童年、青少年、成年）依恋反复作用，不断重现。这个理论研究能够帮助我们理解是什么造就了我们，能引导我们成为更好的自己，甚至抚平痛苦。

说到底，父母的作用，就是以依恋关系为基础，与孩子和谐地共同成长。这种关系是如此稳固，以至于一生都能从中获得鼓励和宽慰，直至孩子也成为父母。

专业术语汇编

安全基地

从依恋对象提供的安慰经验中积累起来的安全感。

照顾

父母给孩子的关心和照料。

依恋对象

日常照顾孩子，对其需求很敏感，在压力情况下能积极且及时回应的人。

安全避风港

能在安全基地获得保护和安慰。

接纳系统

与同龄人建立情感与社交关系的行为总和。

依恋系统

围绕依恋对象以获得亲近与安慰的动机系统。

照顾系统

成年照料者在自己承受压力的情况下，也会给孩子提供照顾的行为总和。

探索系统

为了更自主而去发现新领域的动机系统。

动机系统

为了达到特定目的而对行为的调节。